하루 2장
수학의 힘

하루 2장 수학의 힘

초판 1쇄 발행 2016년 11월 10일
초판 2쇄 발행 2019년 12월 13일

지은이 진미숙

펴낸이 이상순
주간 서인찬
편집장 박윤주
제작이사 이상광
기획편집 김한솔, 박월, 최은정, 이주미, 이세원
디자인 유영준, 이민정
마케팅홍보 이병구, 신희용, 김경민
경영지원 고은정

펴낸곳 (주)도서출판 아름다운사람들
주소 (10881) 경기도 파주시 회동길 103
대표전화 (031) 8074-0082 **팩스** (031) 955-1083
이메일 books777@naver.com
홈페이지 www.books114.net

하루 2장 수학의 힘

진미숙 지음

아름다운사람들

너무 단순하고 쉬운
하루 2장 수학의 힘

"나는 돈도 없고 시간도 없고, 학벌이 좋은 것도 아니고⋯."

나를 합리화하는 말은 아닐까?

부모가 지닌 경제력과 자녀의 성적 사이에 상관관계가 있을 순 있지만 그것이 자녀의 성적을 좌우하는 유일한 것이라고는 생각지 않는다.

생각보다 많은 학생들이 스스로의 노력만으로 서울대에 갔다.

그중 한 명이 내 아이가 될 수는 없을까?

우리 집 아이들은 책 속에 나올 법한 비범함은 눈을 씻고 찾아봐도 찾을 수 없는 평범하기 그지없는 아이들이다.

매일 보는 아이들이어서 그런 걸까?

나 역시 평범하기 짝이 없는 엄마다. 남들보다 공부를 많이 하지도 않았고, 뛰어난 정보력이나 사교육에 마음껏 투자할 자본도 없었다. 직장을 다녔기 때문에 시간이 무한정 있는 것도 아니었다.

보통의 엄마와 평범한 아이들, 이것이 우리 집이다.

하지만 우리 집 아이들은 서울대를 갔다.

나는 그 첫걸음이 아주 단순한 전략에 있었다고 생각한다.

'매일 수학 문제 두 장 풀기'였다. 너무나 평범하고 쉬워 대단치 않게 느껴지고, 그래서 오히려 남들이 잘 실천하지 못하는 전략을 아이들은 초등학교에 들어가면서부터 하루도 빠지지 않고 계속했다. 그리고 너무 힘들이지 않고 원하는 학교에 갈 수 있었다.

그깟 두 장이라고 말할지도 모르지만, 설마 그 두 장으로 될까 싶겠지만, 그깟 두 장의 위대함을 나와 우리 가족은 경험으로 알고 있다.

아이들에 관해서는 단언할 수 없는 구석이 분명히 있다.

잘 크고 있어도 항상 염려스럽고 조심스럽기 마련이라 "이렇게 하면 좋아요"라고 외치기도 쉽지 않다. 시도조차 해 볼 수 없을 만큼 많은 교육법들에 혼란스러워, 오히려 불신만 쌓이는 엄마들의 조급한 마음을 잘 알기 때문이다.

그래도 나는 조심스럽게 '하루 두 장 수학의 힘'에 대해 소개하고자 한다. 지레 겁부터 먹었을 많은 엄마들에게, 어쩌면 낡고 단순해 보이는 방법이 내 아이의 정답일 수도 있다는 것을 상기시켜 주고 싶다.

'매일 수학 문제 두 장 풀기'로 차곡차곡 쌓이는 내 아이의 공부 자신감과 점점 제힘으로 생각하는 방법을 터득하는 기특한 모습을 곁에서 지켜보았다. 어느새 아이들은 혼자 똑바로 설 수 있게 되었다.

내가 한 것은 아이들이 그 작은 약속을 스스로 지키도록 도와주고 격려한 것뿐이다.

엄마의 역할은 생각보다 어렵지 않다. 꾸준한 믿음과 격려, 그것이 전부다.

목차

제3장
입학 전 수학 학습법

꼭 해야 할 유아기 수학

- 유아기에 필요한 수 개념 쌓기 1

- 유아기에 필요한 수 개념 쌓기 2

- 1 대 1 짝짓기 놀이와 수의 기초

- 일상에서 하는 수 개념 놀이

- 입학 전에 익히는 수 개념

제5장
성적을 받치는 것들

아이를 키우며 다시 크는 부모

독서가 주는 학습 안정감

환경이 절반이다

영어도 하루 2장

차분히 나를 다지는 시간, 1학년 신학기

사라져 버린 시간 12월~2월

마음을 붙드는 교육

친구 성적이 올라야 내 실력도 쑥쑥 오른다

수행평가에 연연하지 말자

모든 것에 다 관여할 필요는 없다

1장

나는 하루 2장 수학으로
두 아이 서울대 보냈다

하루 2장으로
서울대 가는 방법
●

딸과 아들이 서울대를 갔다. 어떻게 이런 일이 일어날 수 있는지 나 스스로도 믿기 힘들다. 처음부터 서울대를 보내리라 작정하고 공부를 시켰다면 해내지 못했을 것이라는 생각이 든다. 나는 항상 자연스러운 것이 좋았다. 그래서 아이들이 과정마다 최선을 다하도록 독려하고 지지하고 그 결과에 수긍하리라 생각했다.

'사교육 없이 서울대를 보냈어요'

그런데 그 거짓말 같은 일이 정말 우리 집에서 일어났다.

사교육비도 거의 들지 않았다. 큰 애는 중학교까지 학원을 보낸 적도 과외를 시킨 적도 없다. 영어학습지를 꽤 오랫동안 계속했다. 초등학교 3학년 11월부터 중학교 2학년까지 5년 정도 학습한 것 같다. 학습 진도는 천천히, 조금씩 나갔다.

핵심이 있다면 수학이었다. 수학은 비가 오나 눈이 오나 밥을 먹듯 두 장 정도씩 매일 학습하고 있었다.

그 모든 것이 학교 들어가기 전에 시작된다. 학습할 수 있는 기본 역량을 길러 주고 아이 스스로 학습하고자 하는 의욕만 만들어 준다면 정작 공부는 쉬운 작업이다. 그렇다면 어떻게 하면 하고자 하는 의욕이 생길까?

먼저 최초의 기억 속에 무언가를 배우는 것이 아주 즐거운 일로 기억되어야 한다. 그래서 나는 어릴 때 뭔가를 하고자 하는 의욕이 생길 때까지는 학습과 관련된 어떤 사교육 프로그램이라도 시작해서는 안 된다고 생각한다. 그러지 않으려고 해도, 돈을 들이게 되면 눈에 보이는 결과를 기대하게 되기 때문에 가르치는 입장에서도 그 기대를 알고 빠른 결과물을 내보내기 위해 아이의 이해 속도에 맞추지 않고 강요하고 암기시키게 된다.

처음에 그렇게 길들여지면 방법을 바꾸기가 쉽지 않다. 누구나 가던 길이 익숙해지면 더 이상 낯선 길로 가지 않으려는 것처럼 하던 대로만 하려 한다.

나는 아이들이 다섯 살 정도 될 때까지는 집에 데리고 있었다.

또래 친구들은 아기 때부터 어린이집, 유치원을 전전할 때 나는 도서관이나 데리고 다니며 심심해 죽을 때까지 이리 뒹굴 저리 뒹굴 놀게 했다.

그러다가 유치원을 가니 아이들은 유치원 프로그램마다 새롭고 재미있다고 느꼈다. 아이들이 나중에 낸 좋은 성과는 어쩌면 배움과의 첫만남이 이렇게 즐겁고 신기했던 데서 시작한 것이 아닐까?

수능을 치고 나온 아들과 가채점을 했다. 예상 등급 점수가 실시간으로 컴퓨터 창에 떴다. 수학이 아주 어려웠나 보다. 1등급 컷으로 79~80점이 거론되고 있었다.

아들에게 말했다.

"한두 문제만 더 찍어 맞추지."

"엄마, 이것도 얼마나 많이 찍어 맞춘 건데."

다행히 아들은 서울대를 갔다. 물론 아들도 나도 마음속에 서울대라는 목표를 가지고 있었다. 그러나 아들이 최선을 다해 공부해서 얻은 결과가 어떤 것이든 미련을 두지 않으리라고 홀로 다짐하기도 했다.

고등학생 시절 아들이 공부를 안 하면 간이 쿵 하고 내려앉았지만 열심히 공부하는 아들을 보면서 서울대를 못 가면 어떡하나 걱정하진 않았다. 못 가면 못 가는 대로 살 수 있을 것 같았다. 그 자리에서 또 최선을 다하는 삶을 살게 격려해 주어야지 생각했다.

아들은 열심히 노력했지만 매스컴에서 떠드는 서울대 합격생들만큼은 아니었던 것 같다. 선행 학습이 많이 되어 있지도, 사교육에 과다한 돈을 투자하지도 않았다. 정말 '기본에 충실하자'가 정답인 것 같다. 학교생활에 충실하기. 예습과 복습하기. 한 번씩 집중력 있게 파고들기.

진짜 중요한 것은 스스로 하고자 하는 목표와 의지였다.

아이들을 키우면서 육아 방법이나 교육 방법을 비밀에 부친 적은 없다. 주변에서 물어 오면 늘 있는 그대로 말해 주었고 공유하려고 했다. 하지만 친구들은 나중에 엉뚱한 소리를 했다. 왜 공부 방법을 이야기해 주지 않았냐고.

나는 항상 말하고 다녔다.

'매일 수학 문제 두 장을 풀게 해!'라고.

하지만 귀담아 듣고 실천하는 친구는 없었다. 물론 매일 그렇게 실천할 수 없는 갖가지 상황이 오긴 하지만 나는 그래도 계속했고 효과를 보았다.

하지만 대부분의 사람들은 (내가 아무리 외치고 다녀도) 그 효과가 이렇게 엄청난 결과로 이어진 것을 인정하지 않는다.

그것 말고 아주 획기적인 다른 방법이 있을 것이라고 생각한다.

하지만 우리 집에선 그것 말고는 특별난 것이 없었다.

출발점에서 1도만 비껴나도 먼 길을 가다 보면 도달점은 상당히 달라져 있다. 도달점에 이르는 실력도 결국은 걸어가는 순간순간 기본기를 잘 닦아야지, 어느 날 문득 고도의 실력을 갖추게 되는 사람은 없다.

기본기를 잘 닦는 방법은 참으로 간단하다.

매순간 학교 수업에 집중하면 된다. 학교 교과서는 그 나이대의 지적 능력을 감안해 만든 책이다. 그 시기의 학습이 완전해야 그것을 발판으로 다음 학습을 쉽게 할 수 있다.

또래의 수준에 맞는 공부를 하는 것이 중요하다. 부모님들의 착각 중 하나가 내 아이가 또래보다 뛰어나다고 생각하고 앞서 나가려는 것이다. 지극히 소수를 제외한다면 또래보다 앞선 아이들도 또래의 학습을 충실히 하는 것은 도움이 된다. 아이의 이해란 것은 부모가 생각하는 것과 수준이 다를 때가 많기 때문에 더욱 그렇다.

그러니 '하루 두 장 수학'의 학습을 통해 그때그때 배우는 것을 완전히 내것으로 만들어야 한다. 그래서 또래 수준의 학습이 완전할 때 조심스럽게 한발 더 나아가야 한다.

아이에 대해 긍정적인 마음을 가지고 있는 것이 좋지만 아이의 상태를 정확하게 인지하는 것은 더 중요하다. 어릴 적 어쩌다 받아온 제일 좋은 성적이 내 아이의 능력이 아닐 수도 있다.

지금 받아오는 성적이 내 아이의 능력이다.

지금 상황에 맞게 계획을 세우고 전진해야 한다.

"이번 시험? 내가 안 해서 그렇지 이 정도 문제쯤이야."

이런 변명으로 학창시절이 끝난다. 엄마까지 이런 말에 위로받아서는 안 된다. 아주 단순한 문제라도 확실하게 알아 절대 헷갈리지 않을 정도라야 실력이다. 매일 풀어야 그 실력이 만들어진다. 생각만으로는 그 어떤 것에도 도달할 수 없다.

내가 하루 2장 수학으로 시작한 이유

꼭 수학으로 시작해야 할까? 그렇지는 않다. 수학이 아니어도 상관없다. 아이들이 공부하는 것을 지켜보면서 느꼈다. 한 분야를 꾸준히 깊이 있게 학습하다 보면 공부 자체에 대해 나름대로 '득도'를 하는구나. 한 과목에서 그런 느낌을 받으면 다른 과목에서도 그렇게 할 수 있다.

공부하는 방법도 학습된다. 하지만 그것은 붙들고 알려 줄 수 있는 것이 아니고 스스로 깨우쳐야 한다. 하나하나 가르치려고 해서는 안 된다. 부모의 역할은 할 수 있게끔 유도하는 것까지다. 생각하며 공부하는 것은 아이의 몫이다. 그러니 부모는 지적으로 뛰어나지 않아도 상관없다.

우리 집에서는 왜 매일 수학 두 장이 규칙이 되었을까?

이유는 아주 간단하다. 내가 영어를 잘 몰랐기 때문이다.

내가 영어에도 자신이 있었다면 우리 아이들은 문과형 아이로 성장했을 수도 있다. 하지만 수학하랴 영어하랴 죽도 밥도 안 되었을 수도 있다.

나는 영어가 너무 어려웠으므로 상대적으로 수학이 쉬웠다. 영어 단어가 외워지지 않았다. 그런데 수학은 외울 필요가 없어 좋았다. 외워야 하는 게 있어도 처음부터 완벽하게 외우지 않아도 되어 좋았다. 그러다 보니 수학에 좀 더 관심을 가지고 공부하게 되었다.

수학은 일단 이해하고, 문제를 좀 풀어 보고, 풀다 보면 공식이 외워진다. 먼저 공식을 외워 풀기보다 풀다 보면 외우는 것이 개념 이해에 더 좋다. 그렇게 외워진 공식은 절대 잊혀질 일이 없고 비교적 쉽게 응용할 수 있다.

엄마가 관심이 있는 분야를 선택하는 것이 여러모로 아이 교육에 수월하다. 엄마가 공포를 느끼고 있으면 그 공포가 아이에게 전염된다. 수학이 얼마나 어려운 줄 아느냐고, 미리미리 공부하지 않으면 큰일 난다는 말을 자주 듣는다면 아이에게도 수학은 재미있게 탐구할 수 있는 과목이 아니라 원래부터 어렵고 힘든 과목으로 정의된다.

엄마가 흥미로워 하는 과목을 가르치면 더 재미있는 공부가 될 수 있다. 조금 어려운 부분이 있더라도 아이의 용기를 북돋아 가며 극복해 나가기 더 쉽기 때문이다.

다른 과목보다 매일 수학 공부를 하는 것이 유리한 측면도 있다. 수학은 중학생, 고등학생 아이들이 가장 많은 비용과 시간을 투자하는 과목인 동시에 가장 많은 아이들이 포기하는 과목이다. 그러고 보면 수학 실력을 탄탄하게 만들려면 다른 과목보다 절대적인 시간과 노력이 더 필요한 것 같다.

안 되는 것을 되게 하는 것은 참 어렵다.

하지만 수학이 처음부터 어려운 것은 아니다.

수학은 어떤 기초적인 내용을 토대로 매단계마다 새로운 것을 첨가하거나 누적시켜 나가면서 배우는, 계통성이 뚜렷한 과목이다. 그래서 어떤 학년에서 학습에 결손이 생기면 다음 학년 과정을 이해하기 어렵다. 전 단계에서 배운 개념을 완전히 이해하고 충분히 연습해야 이번 단계의 학습을 쉽게 받아들일 수 있다. 그러니 시간을 두고 촘촘하게 공부해 나가면 무척 유리하다.

6학년이 되어 수학이 잘 안 된다고 하자. 이때 6학년 공부만 열심히 해도 성적이 잘 나오면 아이가 도전하기가 쉬울 텐데 대부분의 경우는 그 아래 학년 과정부터 다시 해야 하니 난감하기 그지없기 마련이다. 사실 아이에게는 그때그때 공부만 소화하는 것도 쉽지 않은 일이다. 그런데 저학년 과정부터 하려니 우왕좌왕하다가 시간이 지나고 또 그 학년의 학습 결손까지 안고 가야 한다.

그러다 "난 수학은 안 돼" 하고 포기하게 된다.

수학을 놓치면 학교생활이 괴롭다.

학년이 올라갈수록 수학 수업 시간의 비중이 커진다. 수학을 포기한 아이는 그 시간을 멍하니 앉아 있어야 한다. 이런 악순환 속에서 결국 수학 학습에 손을 댈 수 없을 지경에 이르게 된다.

또한 수학이 해결되지 않으면 대학 진학에 여러모로 불리하다.

고등학생 중 문과를 선택하는 학생이 이과를 선택하는 학생보다 월등하게 많다. 그런데 문과 학생 중 상당수는 문과 계열 학문에 관심이 있어서가 아니라 수학에 자신이 없어서 문과를 선택한다. 하지만 대학들은 문과와 이과에서 이과 계열의 학생을 더 많이 뽑고 있다. 따라서 수학을 등지면 훨씬 높은 경쟁률을 뚫어야 한다.

고등학생이 되었을 때 수학에 자신이 있으면 상대적으로 시간이 많다. 다른 아이들이 수학에 매달려 있을 때 다른 과목까지 여유 있게 볼 수 있다.

수학의 혜택은 또 있다.

어느 날 딸과 대화하다 딸이 이렇게 말했다.

"엄마, 나는 머리가 좋아서 수학을 잘한 게 아니고, 수학을 하다 보니 머리가 좋아진 것 같아."

하루 5분부터
시작했다

●

스스로 하는 공부는 습관의 결정체다.

유아 시기 처음에는 하루 3~5분부터 시작한 학습 습관이 뿌리를 내리고 눈덩이 굴러가듯 확대된다. 그래서 유아 때부터 아주 조금씩 의도된 규칙적인 학습이 있어야 한다.

학습으로 가기 전에 놀이 단계부터 이런 규칙성에 신경 써야 한다. 엄마가 시간이 날 땐 두 시간 놀아 주고 바쁠 때는 몇 날 며칠을 방치해 두지 말고 매일 내 아이를 위해 규칙적으로 10분이라도 놀아 주는 것이 중요하다.

내가 좋은 엄마였는지는 모르겠다. 하지만 난 무척 바쁜 중에도 아이들의 학습을 위해 매일 조금의 시간은 할애할 수 있었다. 그 시간을 통해 아이들의 마음에도 더 귀를 기울였다.

학습 습관 만들기는 시작하고 처음 몇 년이 어렵다.

하지만 세월이 지나면 어느새 스스로 성장하는 아이가 보인다. 처음에는 엄마의 몫이 아이 몫보다 크지만 시간이 흐를수록 아이의 몫이 커지고 엄마의 역할은 점점 더 쉬워진다.

아이가 스스로 공부하게 만드는 최선의 방법은 변화하기 쉬운 시기에 공부를 습관으로 만드는 것이다. 사춘기가 오기 전에 아이가 학습을 일상으로 여기고 자신감도 갖게 하는 것이 유리하다.

처음 1년쯤은 엄마랑 같이 하고
그다음 1년쯤은 엄마는 옆에서 지켜보고
그다음 1년쯤은 엄마는 공부했니? 물어봐 주고
그다음 1년쯤은 스스로 하고 있나 확인하고.

이렇게 초등학교 입학하고 4년 정도의 시간만 지나면 아이는 학습 관련해서는 혼자 서는 힘이 생긴다.

스스로 공부하기까지는 그 무엇보다 세월의 힘이 필요하다. 나는 아이들이 태어나고 10여 년에 걸쳐 혼자 서는 연습을 시켰다. 그러고 나니 아이들이 초등학교 4학년이 된 후부터는 무척 편해졌다.

너무 어려운 공부는 학문에 뜻을 두고 있는 학자라고 해도 매일 밥 먹듯이 해내지는 못한다.

어릴 때의 학습은 밥 먹듯이 쉬워야 한다.

그렇게 별 생각없이 후딱 해낼 수 있어야 한다.

처음에는 부모가 만들어 주어야 하는 부분도 있다. 하지만 모든 것에 다 관여하려고 해서는 안 된다. 당장의 결과물이 찬란할 필요도 없다. 그냥 소박한 공부를 조금씩 해 나가면 된다.

내가 관심 있게 공부한 과목이 자신 있으면 다른 과목이 조금 부족하더라도 아이는 자존감이 떨어지지 않는다. 하면 된다는 것을 알기 때문이다. 나머지 과목들은 스스로 터득하게 하는 것이 제일 좋은 방법이다. 사회, 과학 등은 혼자 공부해서 시험 치고 틀려 보아야 어디가 핵심이고 외워야 하는 부분이 어디인지를 알게 된다. 엄마가 요점 정리해서 중요한 것만 뽑아 공부시키면 요점 정리하는 능력을 배울 기회를 놓치는 것이다.

모든 과목을 스스로 다 알아서 하라고 하면 아이는 어떻게 해야 할지 엄두를 못 내지만 중요한 것 하나는 챙겨 주고 나머지는 스스로 하라고 하면 신기하게도 그것은 가능하다. 부모가 완벽하게 챙기고 있는 과목이 수학이면 아이들이 느끼는 학습의 무게가 훨씬 가벼워진다.

한 과목의 기초를 같이 세우고 학습 습관을 형성해 주고 나면 그것을 기반으로 아이들이 제힘으로 찬란한 공부는 만들어 가는 것이다. 내가 선택한 것은 수학이었지만 다른 과목을 선택하더라도 한 과목만 집중적으로 관리하고 나머지는 알아서 하게 해야 한다.

저학년 아이에게 스스로 하는 것이란 책가방 시간표대로 꼼꼼하게 챙기고, 준비물 챙기고, 숙제하고, 조금씩 예습, 복습하고… 그런 것들이다. 그런 것들이 모여 큰 학습으로 연결된다. 이때 중요한 것은 부모의 기다림이다. 처음부터 모든 것을 완벽하게 잘 할 수는 없다. 시행착오를 겪으며 조금씩 발전해 나가면 된다.

부모는 긴 시간을 두고 아이의 학습 습관을 만들어 가야 한다.

처음부터 긍정적인 습관을 갖고 있으면 더할 나위 없이 좋지만 그렇지 않다고 해도 학교에 다니는 동안은 얼마든지 변하고 성장할 수 있다. 이때 스스로 학습하는 힘을 만들어 주어야 한다.

매일 2장이어도
충분했다

●

"오늘은 여기까지 공부하자" 혹은 "두 장만 공부하자" 등 아이와 공부를 시작할 땐 서로 간 합의한 약속이 있어야 한다.

그런데 아이가 너무나도 쉽게 5분 만에 약속한 분량을 마쳐 버리면 거기에서 멈추어야 한다. '오늘 공부 끝'이어야 한다.

하지만 대부분의 부모는 '조금만 더'를 시도하게 된다.

너무 적게 시킨 거야. 이렇게 잘하니 조금만 더 하자.

거기에서 문제가 생기기 시작한다.

"할 일을 끝내도 끝나지 않는다는 게 학습되면 아이들은 할 일을 끝낼 이유가 없어져. 그 후로는 부모가 원하는 조건(부모가 원하는 시간 동안 앉아 있기)만 충족시키는 바보가 되어 버려."

우리 아들이 한 뼈 있는 말이다.

약속한 것보다 분량이 더 많아지거나 시간이 더 추가되면 아이들은 집중하여 생각하지 않고 대충 풀어 버린다. 심지어 풀지 않고 찍기도 한다. 그렇게 건성으로 공부하는 것 또한 습관이 된다. 동시에 부모에 대한 신뢰를 잃는다.

학습의 양을 나의 잣대가 아닌 아이의 잣대로 보아야 한다. 어른이 보기에는 그깟 두 장인 것처럼 보이지만 아이에게는 결코 적지 않은 양이다. 사실 처음부터 두 장은 무리일 수도 있다.

아이에게 맞게 시작해야 한다. 두 장이 부담스럽다면 한 장, 한 쪽부터 시작해도 된다. 혹은 10~15분 안에 풀 수 있는 양부터 시작해도 된다.

아이가 처음 두 장을 풀어 보았을 때 아이에게 이 정도면 나도 할 수 있겠다는 생각이 들 정도로 아주 쉽고 부담 없는 학습량으로 시작해야 한다. 학습량이 너무 많거나 어려우면 며칠은 할 수 있겠지만 곧 이 핑계 저 핑계로 안 할 궁리만 하게 된다.

어느 정도 학습이 손에 익고 나서도 난이도에 따라 분량을 조절해 주어야 한다. 공부하는 시간을 엄마에게 유리하게 하지 말고 아이에게 유리하게 맞추자. 쉬운 부분은 두 장 푸는데 30분이 채 걸리지 않지만 심화 부분은 한 시간으로도 부족할 수 있다. 두 장 혹은 30분, 아이에게 유리한 쪽으로 학습량을 정해야 한다.

그래야만 아이가 지치지 않고 오랫동안 실천할 수 있다. 그렇게만 해도 충분하다. 양이 문제가 아니라 매일 지속적으로 학습한다는데 더 큰 의미가 있다.

그런데 30분 동안 풀 수 있는 양이 지나치게 적은 아이는 그 문제집이 아이의 수준에 맞지 않는 것이다. 일반적으로 초등학교 수학 문제집은 두 장 내외를 푸는데 30분 정도의 시간이 필요하다고 보면 된다.

아이가 계속 시간 내에 분량을 소화해 내지 못한다면 이전 학년의 학습을 점검해 보아야 한다. 매일 규칙적으로 하는 공부는 학년과 상관없이 아이 수준에 맞는 책으로 하는 것이 맞다. 그것이 아이 학년보다 낮은 학년이어도 거기서부터 차근차근 올라오는 것이 결과적으로는 앞서가는 지름길이다.

다시 한 번 강조하고 싶다. 빨리 두 장을 끝낸 아이에게 '우리 아이는 아직 문제를 더 풀 여력이 있어' 하며 세 장을 시키려 하지 말고 자유롭게 놀게 해야 한다.

노는 것 또한 학습이기 때문이다.

주변의 다른 엄마들과 같이 '아이와 매일 공부하기'를 시작해도 1년이 지난 후 물어보면 이런저런 이유로 실천하고 있는 엄마는 거의 없다.

실천할 수만 있다면 우리 아이의 가능성이 그만큼 커진다.

초등학교 4학년까지만
하면 되더라

●

초등학교 4학년 분수의 기본까지만 단단하게 다져 놓으면 그 이후로는 아이 스스로 해야 하는 공부만 남아 있다. 그런데 대부분의 엄마들은 4학년 때 분수가 등장하며 허둥대기 시작한다.

하지만 분수가 안 된다고 분수부터 할 수는 없는 것이 수학이다. 그 분수에 접근하기 위해서는 유아부터 4학년까지 거의 5~6년의 기초학습이 완성되어 있어야 한다.

그 시간 동안 엄마 눈에 쉬워 보였던 10의 이해, 자릿값의 이해, 기본 연산의 연습, 곱셈구구의 의미를 이해하고, 곱셈구구를 완벽하게 외우는 것 등이 조금 부족했다고 해서 극복할 수 없는 장벽이 되리라고는 미처 생각하지 못한다.

그때쯤 되면 아이들도 자기가 수학을 잘하는지 못하는지 어느 정도 인지하기 시작한다. 수학에 자신 있는 아이는 좀 더 열심히 전진하게 되고 놀라운 속도로 발전하게 된다. 반면 그때 수학이 어렵다고 느낀 아이는 그때부터 서서히 수학을 포기하기 시작한다.

초등학교 4학년까지 쌓은 수학의 기본기로 이미 길이 갈리기 시작하는 것이다.

그 이후로도 끊임없이 새로운 개념을 익히게 되지만 1~4학년 학습이 탄탄하게 된 아이는 스스로 학습이 가능하고 그렇지 않은 아이는 어디서부터 해야 할지 손을 댈 수가 없는 경우가 대부분이다. 1~4학년 수학이 엄마들이 보기에는 쉬워 보인다. 하지만 그 과정을 얼마나 충실하게 학습했냐에 따라 아이의 사고력은 현격하게 성장하기도 하고 멈춰 있기도 한다. 그만큼 수 개념과 분수를 받아들이는 것은 대단한 수학적 발전이다.

특히 수학의 첫 고비라 할 수 있는 5학년 1학기 약수와 배수, 약분과 통분의 개념을 자연스럽게 이해할 수 있다면 향후의 수학도 쉽게 받아들일 가능성이 많다. 이 새로운 개념들을 이해하려면 4년간 선수 학습이 꾸준히 이루어져 있어야 한다.

비교적 단편적인 것을 배우는 3학년 시기까지는 아이들은 개념을 잘 몰라도 그럭저럭 쫓아간다. 그런데 4~5학년 분수의 학습이 시작되면 문제점이 보이고, 가르쳐 주어도 잘 따라오지 못한다. 이유는 아래 표를 보면 쉽게 알 수 있다.

| 5학년 수행 단원과 선수 학습 단원 |

수행 단원	선수 학습 단원
5학년 1학기 〈3단원 약분과 통분〉	5학년 1학기 〈1단원 약수와 배수〉 4학년 1학기 〈4단원 분모가 같은 분수의 크기 비교하기〉
5학년 1학기 〈1단원 약수와 배수〉	4학년 1학기 〈2단원 곱셈과 나눗셈〉 3학년 2학기 〈1단원 곱셈과 나눗셈〉 3학년 1학기 〈3단원 나눗셈〉 3학년 1학기 〈4단원 곱셈〉
3학년 1학기 〈3단원 나눗셈〉	2학년 2학기 〈2단원 곱셈구구, 두 수의 바꾸어 곱하기, 곱셈표〉 2학년 1학기 〈6단원 묶어 세기, 곱셈의 의미, 몇의 몇 배, 곱셈식〉 2학년 1학기 〈3단원 뺄셈〉
2학년 1학기 〈6단원 묶어 세기, 곱셈의 의미, 몇의 몇 배, 곱셈식〉	2학년 1학기 〈3단원 받아올림이 있는 더하기와 받아내림이 있는 빼기〉 1학년 1학기 〈5단원 묶어 세기〉 1학년 1학기 〈3단원 받아올림이 없는 더하기와 받아내림이 없는 빼기〉

새로운 개념들을 이해하기 위해서는 이렇게 선수 학습이 완성돼 있어야 하기 때문이다. 그때까지 학습이 잘 진행된 아이는 이때 날개를 단다. 수학의 재미를 알게 되면 단순한 연산보다 이해력을 필요로 하는 문제가 더 재미있고 간단하다.

그러니 4학년까지 단단하게 기초를 닦아 5학년부터는 스스로 학습하게 하고 엄마는 한 발짝 떨어져 지켜보는 것이 아주 좋은 전략이다.

지금 완벽하지 않아도 가능하다

●

아들은 중학교 때까지는 중위권이었다. 하지만 나는 늘 아들이 공부를 아주 잘했다고 생각하고 있었다. 항상 아이가 받아왔던 최고의 성적과 그 잠재력을 기억하고 있었던 것 같다.

그런데 나중에 아들의 중학교 성적표를 모은 파일을 펼쳐보고 깜짝 놀랐다.

전교 1~2등이 아니었다. 아들의 석차는 전교생 560명 중 100등에서 30등 사이를 오가고 있었다. 아주 못하지도 않았지만 서울대에 갈 거라고 기대할 수 있는 성적은 전혀 아니었다. 아들의 성적이 이 정도였는지 몰랐다고 하자 아들은 그것도 얼마나 잘한 건데 하고 항변한다.

중학교 때까지는 느슨해도 된다.

아들은 중학교 3학년 때까지도 피아노 학원을 다녔다. 그러더니 고등학교 때 시험 기간만 되면 공부는 안 하고 몇 시간씩 피아노만 두들기고 있어서 나를 조바심 나게 만들었다. 대학을 가고 한동안 피아노 뚜껑도 열어 보지 않더니만 어제는 웬일인지 피아노 연주를 하고 있었다. 피아노 선율을 따라 아들의 고등학교 시절이 주마등처럼 스쳐 지나갔다.

고등학생이 된 아들은 달라진 모습을 보여주며 굉장히 성실하게 학교생활을 했다. 3년간 열심히 야간 자율 학습을 했다. 토요일, 일요일까지 학교에 갔다. 하지만 그때도 쉼 없이 공부만 한 것은 아니었다. 물어보지는 않았으나 만화방이나 PC방으로 일탈을 꾀한 날도 있었으리라 생각한다. 타인의 눈으로 보았을 땐 우리 아이는 너무나도 충실하게 노력하는 것 같았지만 그런 아들도 게임을 하느라 핸드폰 두 개의 자판이 십자가 모양으로 떨어져 나갔다. 그래도 우리 아이는 2G폰 세대여서 그나마 다행이었을 수도 있다.

3년 내내 공부만 하라고 하는 것도 잔인하다고 생각한다. 결과가 좋았음에도 그 시절의 기억이 아들에겐 상처로 남아 있는 부분이 있다. 그것이 3년이 아니고 초등학교, 중학교, 고등학교 12년이었다면 아들은 견뎌 내지 못했을 것이다. 막판의 전력질주는 절대로 불가능했을 것이다.

엄마들은 아이가 몇 살이든 당장의 등수에만 연연해 한다. 전교 1등이면 실력도 전교 1등이라고 생각한다. 그 이면을 들여다 볼 수 있어야 한다. 전교 1등에서 100등 정도는 언제든지 석차가 뒤바뀔 수 있다.

아들은 중학생 때 반에서 5~6등 정도의 성적을 유지했다. 이 정도 하는 아이는 마음만 먹으면 결손 학습에 발목 잡히지 않을 만큼의 기본기는 닦여 있다. 그리고 아들은 그때도 수학은 독보적으로 잘했다.

전교 100등 정도의 성적을 유지하며 어떤 특정 과목은 또래의 어떤 아이와 경쟁해도 밀리지 않는 실력을 갖추고 있다면 그 아이는 어쩌면 지금의 1등보다 더 경쟁력이 있을 수 있다.

당장의 좋은 내신 점수는 늘 실력을 말하는 것은 아니다. 학교마다 시험 족보가 있다. 학원에 다니는 아이는 그런 정보를 쉽게 접할 수 있다. 그래서 내신 성적을 올리기에는 좋다. 하지만 지금의 점수를 위해 길게 보면 중요치 않은 공부에 많은 힘을 쏟기도 한다.

내신이 모든 것을 결정하는 상황이 아니라면 많은 과목의 토씨까지 외우려 하지 말고 그 시간에 진짜 자신 있는 한 과목을 만들어야 한다.

우리 아들의 경우는 모든 과목을 꼼꼼하게 공부하지 못했다. 하지만 수학은 매일 공부했다. 어떤 과목이라도 매일 공부하면 그 분야의 고수가 될 수밖에 없다. 여러 과목에 에너지가 분산되는 것보다 집중력도 훨씬 좋아진다.

아들이 고등학교에서 중학교보다 더 좋은 성적을 낼 수 있었던 것은 수학의 힘이었다.

중학교 때까지 거의 완벽해 보였던 아이도 고등학교에 올라오면서 수학 때문에 고전하는 경우를 종종 보게 된다. 반면 아들의 경우에는 수학 덕분에 더 자신이 생겼다.

거기에 의도하지는 않았지만 중학교 때까지 본 수없이 많은 책들이 아들의 언어적 감각을 키워 주었다. 국어, 영어는 언어적 감각이 필요한 과목이다. 수능 평가는 단편적인 하나의 지식을 묻지 않는다. 전체를 잘 파악할 수 있어야 하는데 중학교 때까지는 무리하지 않으며 독서도 즐겼던 아들은 그것이 쉽게 되었다.

학습이란 완벽한 암기가 아니다. 쏟아지는 다양한 지식 중 해야 되는 부분은 심화해서 하고 버릴 것은 버리며 스스로 판단하여 핵심을 이해하고 응용하는 것, 이것이 학습 역량이다. 고등학생이 되기 전 아이의 성적은 평범했지만 수학은 깊이 있게 공부하고 소설부터 만화까지 온갖 책을 읽으며 그 밑에 학습 역량이 차곡차곡 쌓이고 있었던 것 같다.

이런 힘이 만들어진 데는 중학교 공부를 알아서 하며 한번 추락해 보았던 덕도 있는 것 같다. 우리 아들은 중학교 2학년 2학기 영어 시험에서 열 개 정도를 틀렸다. 나름 공부 잘하던 우리 아이로서는 놀라운 경험이었을 것이다. 그때도 그전의 다른 시험을 공부할 때와 비슷한 강도로 공부했음에도 그런 결과가 나올 수 있다는 경험을 하고는 깜짝 놀라 평소에 조금씩 영어 공부를 하기 시작했다.

추락해 봐야 추락하지 않는 방법도, 추락했을 때 다시 비상하는 방법도 배우게 된다. 그런 경험이 고등학교에서였다면 아이는 당황했을 것이다. 고등학생이 되면 '지금 와서 될까? 너무 늦은 것은 아닐까?' 등 심리적으로 쫓기게 되어 평상심을 가지고 공부하기가 힘이 든다.

아들은 고등학교 때도 수학, 물리 점수만 안정적으로 나왔다. 대신 다른 아이들이 가지고 있지 않은 몇 가지의 장점이 있었고 그것을 극대화했다.

엄마들은 우리 아이는 별로 하는 것이 없다고 말하지만 손을 꼽

아 세어 보면 셀 수 없이 많은 것을 시키고 있다.

"이건 꼭 필요해서, 이건 공부가 아니라 놀다 오는 것이고, 이건 잠깐 하는 건데 뭐가 그리 힘들다고…."

하지만 그 틈바구니에서 아이는 정말 성장하고 있을까? 자기만의 경쟁력을 기르고 있을까? 내가 본 많은 아이들은 기계적으로 돌아다니고 있을 뿐이었다.

그래서 나는 자꾸 "하나를 깊이 있게" 해야 한다고 강조하게 되는지도 모르겠다.

잘하는 아이와 아주 잘하는 아이의 차이
●

잘하는 아이와 아주 잘하는 아이는 공부 방법에 분명한 차이가 있다. 그것은 자발적으로 공부에 대한 사후관리를 하느냐의 여부다.

가령 수학 문제집을 한 권 구입했다고 하자. 끙끙대며 한 권을 풀고 아이는 뿌듯해 한다. 그러나 채점하지 않았다. 그러면 그 아이는 공부하지 않은 것과 같다. 채점은 하였으나 다시 풀지 않았다면 그것도 공부하지 않은 것과 비슷하다. 그다음에 또 다른 문제집을 구입하여 풀었다. 아이는 열심히 공부하고 있다고 생각한다. 부모도 아이가 기특하다.

하지만 아이는 아는 문제만 계속 푸는 단순 노동을 하고 있는 것과 같다. 지금 자리에서 한걸음 더 나아가려면 지금 틀린 문제를 완벽하게 이해하고 그다음 문제를 풀어야 한다. 시험은 체크해 놓고 고치지 않은 문제에서 다 출제된다. 공부를 해도 성적이 한 만큼 안 나오는 아이는 아는 문제만 계속 풀고 있는 경우가 대부분이다.

자기가 취약한 부분을 공부하는 것이 아니라 알고 있는 것을 확인하는 공부만 하는 것이다.

공부를 아주 잘하는 아이는 자기가 틀린 문제에 대한 관리를 철저히 한다. 오답이 나오면 답지를 보지 않고 고민하고 그래도 안 되면 개념을 다시 보며 다른 관점에서 생각해 본다. 지금 당장 해결해야 한다는 강박관념을 버리고 약간의 시간차를 두고 치열하게 고민하는 시간을 가져야 한다.

자기 스스로 고민하는 시간을 통해 사고력이 향상된다. 서너 번을 고민해도 안 될 때 보는 답지와 채점하자마자 보는 답지는 차이가 있다. 고민 끝에 보는 풀이 과정은 막혀 있었던 아이의 생각에 물꼬가 트이는 것처럼 생생하게 와 닿고 그것은 자신의 것이 된다.

한마디로 이 아이들은 보여 주기 위한 공부를 하지 않는다. 더 나아지기 위한 공부를 한다. 이런 과정을 통해 수학적으로 사고하는 방법을 연습한 아들은 시간이 흐를수록 점점 더 실력이 탄탄해졌다.

다른 과목의 공부 방법도 이와 비슷했다. 우리 아이들은 암기력보다 이해력이 더 좋았다. 과학에서 물리 분야는 좋아했지만 암기할 내용이 많은 생물, 화학은 한동안 고전했다.

이해력, 암기력 중에 무엇이 더 좋다 말할 수는 없다. 암기력이 좋은 아이는 그것을 장점으로 하고 이해력이 좋은 아이는 그것을 장점으로 만들며 공부하면 된다. 자기에게 맞는 학습 방법을 찾는 것 또한 학습 역량이다.

영어 공부는 대부분의 아이들이 영어 단어를 암기하는 것으로 시작하기 마련이다. 하지만 아들은 영어를 공부할 때도 하나하나의 단어 외우기는 힘들어 했다. 먼저 전체 문장의 맥락 속에서 뜻을 파악하여 영어 단어를 알아 나갔다. 독해 속에서 모르는 단어가 있으면 찾아보고 막히는 문법이 있으면 문법책을 찾아 보강하면서 공부했다.

다른 과목은 기본적으로 이렇게 공부하였다.

1. 교과서를 한 번 훑어본다.

2. 교과서를 다시 한 번 보며 중요한 것을 외운다. 수업 시간에 색깔 펜을 이용하여 선생님이 강조하시는 것을 대충이라도 체크해 놓으면 공부할 때 좀 더 편하다.

3. 문제집을 푼다. 오답이 나온 문제는 교과서로 돌아가서 그 답만 보는 것이 아니라 그 주변의 내용을 다시 보며 이해한다.

4. 틀린 문제로 돌아가 그 문제를 다시 푼다.

5. 다른 종류의 문제집을 한 권 더 본다.

이렇게 어떤 과목이든 암기보다 전체적인 것을 이해하면서 공부해 나갔다.

사랑이 먼저다

●

공부로 인해 가족이 서로 상처 입지 않게 해야 한다. 공부는 잘할 수도 있고 못할 수도 있지만 그로 인해 받은 상처는 평생을 갈 수 있다. 공부 때문에 아이가 부모의 사랑을 의심하게 해서는 안 된다.

아들이 대학을 가고 난 후 아들이 잡지 인터뷰를 할 기회가 있었다. 그때 아들이 말하기를 자기가 얼마나 사랑받고 자랐는지 안다고 했다. 사람의 욕심은 끝이 없는지라 나도 아이들이 백 퍼센트 내 마음에 들지는 않는다. '이렇게 하면 더 좋을 텐데' 하는 아쉬움도 많다. 하지만 크게 걱정하진 않는다. 맘껏 사랑하며 키웠고 아들이 그걸 안다고 하니 크게 잘못될 것 같지는 않기 때문이다.

아이를 기를 때는 각자에게 맞는 방법을 찾아야 한다. 비싼 교구를 구입하고, 최상의 교육환경을 제공하면 더 좋을 것 같지만 그건 어른들 생각이지 교육적 효과는 별반 차이가 없다.

정작 필요한 것은 아이의 의지와 동기이며, 이런 것들이 생기도록 도와주려면 부모와 아이가 친밀하고 신뢰가 있어야 한다. 그러기 위해서는 부모 자식 간에도 따뜻한 소통이 필요하다. 아이와의 관계가 좋고 신뢰가 있을 때 아이가 슬럼프를 맞거나 학습을 포기하고 싶어해도 대화가 가능하다. 아이를 잘 키워보고 싶은 마음에 아이를 몰아세웠다면 그때 아이는 부모의 손길을 거부하게 된다. 표현하지 않으면 아무도 모른다. 많이 사랑한다 말하고 많이 껴안아 주고 많이 사랑하며 살아야 한다. 아이도 어른들과 마찬가지로 따뜻한 위로가 필요하다. 지금 내 옆에서 나를 위로하고 지지해 줄 사람이 필요한 것처럼 아이도 그런 사람이 필요하다.

남 보기에 잘 사는 것도 좋지만 가장 중요한 건 가정의 행복이 아닐까 싶다. 나는 아이들을 키운 시절 내내 여유로웠고 아이들도 나도 행복했던 시간이었다.

아이를 기를 때, 목표를 세워 열심히 전진하되 지칠 땐 기대어 앉아 의논하고 서로 사랑하는 가족임을 잊지 않았으면 한다.

매일 수학 문제
2장을 풀어라

매일 수학 2장을
풀어라

●

  큰아이를 정말 정성껏 키웠다. 공부에 있어서 수학적인 접근도 거의 완벽하게 했다고 생각했는데 그런 우리 애나 옆집 애나 별 차이가 없는 것 같아 보였다. 처음에는 그랬다.

  그런데 우리 아이는 초등학교 2학년 때 세로셈을 배우면서 폭발적으로 성장하기 시작했다. 그때부터는 어떤 평가가 있더라도 다른 애들 보다 조금씩 앞서기 시작했다. 많이도 아니고 조금씩. 문제가 어렵든 쉽든, 공부를 하든 안 하든, 다른 애들이 열심히 쫓아와도 항상 조금씩 앞서 나갔다.

  에너지가 모아지는 동안은 비슷해 보일 수도 있지만 긴 시간 꾸준히 한 학습은 빈구석이 없다. 그리고 꾸준히 공부하려면 절대로 무리해서는 안 된다.

  초등학교 때는 20~30분, 중학교 때는 30분~1시간. 문제집 두세 장 정도를 풀 수 있는 시간이다. 고등학교 때는 자기 의지로 시간을 정해야 한다.

  우리 애는 그것보다 훨씬 더 긴 시간 공부한다고 느낀다면 시간을 줄여 주어야 한다. 대신 공부하는 시간만큼은 집중할 수 있게 해야 한다.

하루에 50분씩 일주일 공부하면 여섯 시간쯤 공부하게 된다. 과외받는 날 열 시간을 한다 해도 몰아서 하는 공부는 효율성 면에서 매일하는 공부를 절대로 따라올 수가 없다.

일주일에 일곱 개의 새로운 개념을 익혀야 한다고 하면 매일 공부할 경우 첫날은 모르는 개념 한 개를 익히면 된다. 한 개는 누구나 해결 가능한 범주이다. 그다음 날, 한 개는 어제 익힌 개념이니 연습에 들어갈 수 있고 오늘은 또 한 개만을 익히면 된다. 셋째 날이 되면 첫째 날 익힌 개념은 벌써 세 번째로 연습하게 되는 것이다. 그렇게 일주일을 학습하면 개념 정리는 물론 응용까지 가능하게 된다.

반면 한꺼번에 여러 개의 개념을 익히면 당연히 힘이 들고 연습할 시간이 부족하다. 한꺼번에는 안 된다.

하루하루 머릿속에서 정리하고 다듬는 시간이 필요하다.

매일 조금씩 할 수 있도록 아이를 각각의 방법으로 꼬드겨야 한다. 우리 집은 아이들이 어릴 때부터 중학교 3학년 때까지 토요일, 일요일은 같이 도서관도 많이 다녔다. 같이 공부도 하고, 책도 읽고, 맛있는 것도 사 먹었다.

이건 좋은 방법인 것 같지는 않지만 돈도 조금씩 걸었다. 용돈을 따로 주지 않았다. 대신 중학교 때는 하루 학습량을 채우면 500원 정도씩 주었고, 고등학교 때는 문제집 한 권을 풀 때마다 5천원을 주었다. 우리 집 둘째 아이한테는 이 방법이 먹혔다. 큰돈이 드는 것은 안 된다. 나중에 감당이 안 될 수도 있으니까.

농담 삼아 아이들과 이런 얘기를 하곤 한다.
죽기 전에 나는 이렇게 유언할 거라고.
"우리 집 공부 비법을 전수하마. 매일 수학 문제를 두 장씩 풀어라."

우리 애들은 정말 오랫동안 매일 두 장씩 수학문제 풀기를 실천했다.
학습량은 아이에 맞게 정하면 된다. 양이 아니라 지속적인 수학적 자극이 중요하다. 매일 한 장, 한 쪽도 괜찮다고 생각한다. 1년이 365일이면 360일을 수학 문제 풀기를 실천했다. 처음엔 7+5=12 같은 걸로 시작해서 시간이 쌓이니 해결하지 못하는 문제가 거의 없었다.
그렇게 하니 진짜 수학 과외는 물론이고 수학 학원 문 앞에 한

번 가 보지 않고도 서울대에 갈 만큼의 점수가 나왔다. (가슴에 손을 얹고 맹세한다!)

물론 불안한 마음도 있었다. 하지만 거의 15년을 노력해 온 아이들의 문제해결 능력을 믿었다. 스스로, 꾸준히 하는 아이들은 문제가 어려울수록 더 경쟁력이 있다. 우리 아이들이 수능을 본 해에는 수능에서 수학이 무척 어려웠다.

하루 2장
실천 요령
●

수없이 많은 아이들과 부모님을 가까이서 볼 기회가 있었다. 과잉보호 아니면 방임인 경우가 대부분이다. 아이들을 달달 볶아 숨을 쉴 수 없게 만들거나, 아예 내버려 두거나. 과하지도 부족하지도 않은 중간이 없다.

콩에 물만 주어도 콩나물로 자라나듯 아이에게는 큰 자극이 필요한 건 아니다. 하루도 거르지 않고 조금씩 물을 주듯 지속적이고 적당한 자극이 중요하다.

시작할 때는 융통성도 중요하다. 처음 시작할 때 꼼꼼히 체크하지 않으면 쉽사리 밀리고, 엄마들은 한꺼번에 시키려고 한다. 그런 일이 반복되면 아이는 공부에 지쳐 버린다. 그리고 건성으로 하게 된다. 이미 밀렸다면 과감하게 포기하고 그때부터 다시 시작하는 것이 좋다. 그리고 앞으로는 밀리지 않게 해야 한다.

일단 수학 문제를 매일 두 장씩 풀기로 했다면 말로만 닦달할 일은 아니다. 엄마가 책을 한 번씩 살펴보아야 한다. 두 장 풀기가 힘든 부분도 있다. 힘든 부분을 알아보고 한 장을 시키면 아이는 훨씬 힘이 난다. 그리고 오늘 학습 분량이 줄었으니 어려워도 어렵다 소리 못하고 넘어가게 될 것이다.

학습의 난이도를 부모의 관점에서 보지 말고 아이의 눈높이에서 보아야 한다. 학습은 주어진 학습 분량을 메우는 작업이 아니다. 누구에게 보여 주기 위한 것도 아니다. 그날 정해진 공부를 하며 아이가 실제로 새로운 것을 알아 가는 과정이 되게 해야 한다. 학습 능력이 자리 잡히기 전까지는 노동이 아닌 '학습'이 될 수 있도록 부모가 관심을 기울여야 한다.

아이에게 처음 습관을 들일 때 융통성도 필요하지만 규칙성과 지속성은 절대적으로 고집해야 한다. 반드시 매일 하도록 신경을 쓰자. 하루 두 장은 만만한 분량이기 때문에 아이가 오히려 부담 없이 미룰 수 있다. '그깟 두 장 하루 안 풀면 어때. 내일 더 풀면 되지 뭐' 하는 마음을 먹기 쉽다. 하지만 두 장이 하기 싫었다면 네 장이 쉬울까? 내일이 또 내일이 되고 그 내일이 또 내일이 된다면 아이는 어떻게 감당할까?

하루 세 번 밥은 꼬박꼬박 챙겨 먹게 된다. 뇌에서 안 먹으면 먹으라고 배고픔의 신호를 자꾸 보내니까 먹지 않을 수가 없다. 하루 세 번 에너지 공급원이 우리 몸으로 들어오는 게 제일 좋으니까 머릿속에 그렇게 입력되어 있다.

매일 먹지 않으면 체력이 떨어지듯 매일 수학적인 자극이 없으면 수학적 감각도 둔해진다. 음식도 제때 먹어야 소화능력을 유지하듯, 우리 뇌는 매일 자극이 들어가야 자극에 반응하는 최적화된 환경을 유지하기 때문이다.

하지만 밥과는 다르게 수학적 자극이 없었다고 뇌가 공부해 달라고 아우성치지는 않는다. 그랬더라면 잔소리도 하지 않아도 되고 참 좋았을 텐데. 습관으로 본능의 빈자리를 채우는 것은 어쩔 수 없이 엄마의 몫이다.

수학 문제 두 장이면 하루어치 수학적 자극으로는 차고 넘친다. 그리고 대부분의 아이들이 충분히 소화할 수 있다.

길게 보면 분량도 결코 적지 않다. 문제집 한 장에는 열다섯 개에서 스무 개 정도의 문제가 있다. 1년 동안 꾸준히 두 장씩 푼다면 (15~20)문제×두 장×365가 되어 최소한 만 개 이상의 문제를 접하게 된다.

하지만 아이는 그저 많은 문제를 풀게 한다고 똑똑해지지는 않는다. 스스로 생각하는 힘을 가진 아이가 똑똑해지는 것이다.

그렇다면 생각하는 힘은 어떻게 기를까? 그 역시 꾸준히 제힘으로 생각하는 데서 시작된다.

아이에게 매번 '생각거리'를 주기는 쉽지 않다. 그래서 수학 문제가 더 좋다. 집중해서 풀면 아주 좋은 생각거리가 된다. 문제를 해결하려면 머릿속에서 '왜? 왜냐하면? 따라서?'라고 저절로 묻게 되기 때문이다.

하루에 수학 서른 문제를 풀어서 다 맞았는지가 중요한 것이 아니라 서른 문제를 풀면서 내 머릿속에서 몇 번의 생각을 하였는지가 더 중요하다. 어려운 문제는 고민의 과정이 있어야 하고 쉬운 문제는 확실하게 그 근거를 이해하고 설명할 수 있어야 한다.

그래서 유능한 선생님이 아주 풀기 쉬운 방법으로 설명하는 것을 듣는 것보다 아이가 끙끙대며 푸는 것이 더 의미 있다. 학원에서 두 시간씩 수업을 들으며 문제를 푸는 것보다 20분간 직접 씨름하는 것이 아이의 수학적인 사고를 훨씬 자극해 주기 때문이다.

어려운 일이 있을 때 옆에 기댈 사람이 있으면 기대고 싶어진다.

공부도 마찬가지다. 바로 옆에 질문에 답해 줄 사람이 있으면 좋은 점도 있지만 내가 생각하여 풀기를 멈추고 질문하여 쉽게 해결하고 싶어진다. 스스로 깊이 고민하지 않은 것은 다음에도 내 힘으로 해결할 수 없다. 듣는 것만으로는 나의 사고의 수준을 끌어 올릴 수 없기 때문이다.

뛰는 요령을 설명한다고 잘 뛰는 것이 아니라 뛰다 보면 근육이 발달하고 폐활량이 커져 잘 뛸 수 있게 되는 것처럼 옆에 끼고 아무리 가르쳐도 자기의 머리로 생각하지 않는다면 아이의 지적 성장에는 한계가 있을 수밖에 없다.

수학 공부는 단지 정확한 답을 구해 내기 위한 것만은 아니다. 그 답에 도달하기 위해 이치를 따져 논리적으로 사고하는 과정이 더 중요하다. 그 과정을 통해 아이는 똑똑해진다. 문제 유형을 암기하여 높은 점수를 받는 것보다 아이가 직접 아이의 논리로 풀었지만 오답이 나오는 것이 더 좋을 때도 있다.

개념의 정의에 입각하여 이치를 따져 문제를 풀고 오답이면 내 생각의 어디에서 오류가 생겼는지를 생각하는 것이 진짜 공부다.

그러니 어쩌면 하루 두 장도 너무 많은 분량일 수 있다.

수학 학습이 많은 문제를 풀어 해결되었다면 선행 학습도 좋은 학습 방법이었을 것이다. 한 10만 개 풀면 수학이 완성된다면 먼저 시작하지 않을 이유가 없고 최대한 빨리 풀면 더 앞서 나가게 된다. 하지만 수학 학습이란 암기를 통해 10만 개의 문제를 정확하고 빠르게 푸는 연습이 아니라 어떤 문제가 나오더라도 기초를 바탕으로 생각하는 힘을 기르는 과정이다.

생각하는 힘은 이해하지 않고 반복된 문제풀이로 문제 유형을 외우는 것이 아니라 자기의 지적 성장 단계에 맞는 수준의 문제를 하나하나 고민해 가며 꾸준히 풀 때 길러진다.

첫 아이가 태어나고 두 달 정도는 죽을 것 같았다. 아이에게는 규칙이 없었다. 자고 일어나고 먹고 모든 것이 자기 마음대로였다. 밤에는 두 시간 간격으로 깨어나 울어 댔다.

두 달이 지나니 밤 열두 시에서 새벽 여섯 시까지는 잠들어 있어 겨우 숨 돌릴 여유를 찾을 수 있었다. 그리고 백일이 될 즈음부터 아이는 인간의 일상으로 들어왔다.

아이를 키우다 보면 참 평범한 말이 진리일 때가 많다. 그 중에 하나가 "늦었다고 생각할 때가 가장 빠른 때"란 말이다.

의외로 습관을 형성하려면 100일 정도만 작정하고 정성을 기울이면 목적한 바를 이룰 수 있다.

단, 갓 태어난 아이의 습관을 만들어 주듯 정성을 기울여야 한다.

시간 관리에서
자기 관리까지
●

나는 아이들을 일찍 재우려고 애를 썼다. 밤 10시에서 새벽 2시 사이에는 숙면해야 성장에 필요한 호르몬이 펑펑 나온다고 들어 아이들이 중학교 때까지는 10시를 넘기지 않고 재우려고 했다.

그런 이유로 딸아이는 학교 다니는 동안 참 건전한 생활 습관을 가지고 있었다. 일찍 자고 일찍 일어났다. 밤새 푹 자고 일어나니 딸아이는 중학교 내내 학교 수업 시간에 존 적이 없다고 했다.

학습에도 악순환의 고리가 있다.

밤에 자지 않으니 낮에 졸리고 낮에 졸다 보면 수업에 집중하지 못하고, 집중하지 않으니 잘 모르고, 다시 보면 이런 걸 배운 적이 있나 싶게 생소하고, 그 생소한 내용을 공부하려니 노력과 시간이 더 필요하다. 시간이 흐를수록 그 악순환의 고리에서 벗어나기가 쉽지 않다. 처음의 습관이 진짜 중요하다고 자꾸 이야기하게 되는 이유가 여기에 있다.

학습 습관이 잡혀 선순환이 시작되면 모든 게 너무나도 쉽게 진행된다. 일찍 자고, 푹 자고, 낮에 조금 더 집중하고, 잘 되지 않는 부분은 그때그때 예습 복습하면 그만이다. 어쩌면 공부는 참 쉬운 일인데 시작을 놓쳐 버려 어렵고 험난한 길이 되는 경향이 있다.

무엇을 하든지 시간이 없어서 못 하기보다 시간 관리를 못해서 못 하는 경우가 태반이다. 어떤 아이가 1의 노력만 기울이면 되는 일이 다른 아이는 10의 노력을 기울여도 안 되는 이유는 처음에 들인 작은 습관의 차이일 수도 있다.

공부하는 습관은 어떤 기발한 것이 아니다. 작은 것들이 모여 흔들리지 않는 큰 것이 된다. 100만원하는 과외보다 매일 꾸준히 한 시간씩 스스로 공부하는 것이 아이의 실력 향상에 훨씬 더 효과가 있음을 경험으로 확신한다.

어릴 때부터 시간을 효율적으로 관리하는 습관을 가질 수 있게 지도하여야 한다. 자기가 할 일의 순서도 잡을 수 있어야 한다. 공부를 할 때도 시간 단위의 계획표까지는 아니더라도 주 단위, 월 단위의 전체적인 계획표는 세울 수 있어야 한다. 그러기 위해서는 훈련이 필요하다.

하지만 훈련 역시 특별할 것 없다. 어릴 때부터 엄마가 미주알고주알 관여하지 않고 스스로 해야 할 일을 스스로 하게 만들면 된다.

딸이 서울대를 간 것보다도 기특한 점은 유독 자기관리를 잘하고 문제해결 능력이 좋다는 것이다. 어떻게 그렇게 되었을까를 곰곰이 생각해 보니 어릴 때부터 웬만한 일은 혼자 하게 한 것이 가장 큰 이유인 것 같다. 아이는 자라면서 무엇이든 직접 하고 싶어 하는 시기가 온다. 이때 이런 본능이 잘 자라나도록 봐 주면 도움이 되는 것 같다.

우리 아이에게 그런 시기가 찾아왔을 때 나는 조금은 갑갑했지만 아이가 하려고 하는 것은 혼자 해낼 때까지 기다려 주었다. 외출할 때 옷을 입는 데 한 시간이 걸린 적도 있었다. 아이는 조그만 손끝으로 단추를 하나하나 붙잡고 하염없이 꿰었다. 이가 맞지 않게 그 많은 단추를 다 꿰고 아이가 무척 만족해 하던 그 표정을 잊

을 수 없다. 신발끈 묶는 것도 일찍 가르쳐 주었고 혼자 한 일들이
조금은 어설프더라도 그대로 두었다. 초등학교를 입학하고도 숙
제를 정해진 시간에 하게끔 했지만 빠짐없이 확인하고 참견하지는
않았다. 나는 오로지 수학 한 과목만 꼼꼼하게 체크했다.

나머지는 죽이 되든 밥이 되든 혼자 해결하게 두었던 것이 스스
로 문제 해결 능력을 갖게 된 이유가 아닐까 생각해 본다.

작은 것을 자기의 힘으로 할 수 있는 아이가 끝까지 모든 것을
스스로 할 수 있다.

믿고 맡겨 두기 시작하면 점점 더 긍정적이고 능동적인 아이가
되고 못 미더워 간섭하기 시작하면 점점 더 수동적인 아이로 바뀌
는 것 같다. 내가 해 줄 수 있는 것도 언젠가 내가 못 해 줄 시점이
온다. 그냥 맡겨 두는 것이 결과적으로 나도 편하고 아이도 편해지
는 비법이다.

잘하니까 스스로 하게 맡겨 두게 되는 것일까?

맡겨 두다 보니 혼자서도 잘 하게 되는 것일까?

어쩌면 이 문제는 '닭이 먼저일까? 달걀이 먼저일까?'의 문제일
수도 있다.

하지만 한 가지는 분명하다. 스스로 하게 하는 것과 방임은 다

르다. 아무것도 모르는 아이에게 "네가 알아서 해라" 할 수는 없다. 처음에는 알아서 할 수 있게끔 길을 만들어 주어야 한다. 아이마다 혼자서 할 수 있는 시기가 다르다.

아이의 속도에 맞춰, 스스로 해결할 수 있는 범위를 넓혀 가야 한다.

아이 혼자 서울에서 대구로 여행 보내려 한다면 "알아서 잘 다녀와"가 아니라 잘 다녀올 수 있게끔 먼저 거쳐야 하는 과정이 있다.

처음에는 서울역으로 가는 지하철을 아이와 같이 타 보아야 한다. 어느 방향의 지하철을 타야 하는지 알게 하고, 환승은 어디서 어떻게 하는지도 가르쳐 주어야 한다. 역에 도착해서는 열차표를 구입하는 방법도 알려 주고, 잘못 탔다면 돌아오는 방법도 있음을 알려 주어야 한다. 가까운 수원 정도는 같이 한 번 다녀오기도 하고 그런 다음에 혼자서 대구에 보낼 수 있다.

어느 날 갑자기 아이에게 "혼자서 대구에 다녀오렴" 한다면 너무 막막하고 두려운 여정이 될 것이다. 하지만 이렇게 준비한 아이에게는 설레는 여정이 된다.

아이가 커 가는 것도, 학습을 하는 것도, 혼자서 여행을 하게끔 만드는 것과 같은 이치라 생각한다. 아이가 어릴 때는 모든 상황에서 부모가 큰 밑그림을 그리고 있어야 한다. 어느 선까지 관여하고 어디까지를 혼자하게 두어야 할지 생각해야 한다. 그리고 스스로 알아서 해결한 문제에 대해서는 어른의 안목으로 볼 때 미흡하더라도 격려와 칭찬을 아끼지 말아야 한다. 처음엔 미흡할 수밖에 없다.

항상 아이의 관점에서 보고 생각해야 한다.

스스로 해결한 그 과정을 칭찬해 주어야 한다.

어릴 땐 처음으로 시작하는 것들에 대한 두려움이 있다. 어린 시절 처음으로 버스를 탔을 때 내가 내려야 할 곳을 지나치면 어쩌나 하는 떨림을 아직도 기억하고 있다. 어른이 되고 나서도 대구에서 서울로 이사 와 처음 지하철을 탔을 때 떨렸다. 내가 가고자 하는 방향으로 바르게 가고 있는 것일까?

이제 나는 어떤 도시로 떠나더라도 길을 잃으면 어떡하나 하는 두려움은 없다. 설령 길을 잃어버린다 하더라도 돌아올 수 있는 방법을 찾으면 된다는 것도 알고 있다. 매번 새로운 사람들을 만나고 새로운 과제를 접할 때 처음에는 약간의 두려움과 떨림이 있지만 끝냈을 때는 희열이 있다는 것도 알고 있다. 아이에게도 그것을 알게 해야 한다.

어쩌면 인생은 늘 낯선 길을 찾아가는 여정인지도 모르겠다. 동행하는 사람이 있을 때도 있지만 홀로 걸어가야 할 때도 많다. 그래서 우리 모두는 내 힘으로 똑바로 서는 법을 익혀야 한다. 그것을 배우지 못하면 몸은 어른이 되어도 정신은 아이인 채로 살아가게 되는 것이다.

학습에 있어서 홀로서기의 시작은 독서와 정확한 수 개념 형성이라고 생각한다. 하루 수학 두 장을 풀려야 한다. 당연한 하루의 일과가 될 때까지. 손을 잡고 지하철을 타듯 손을 잡고 도서관에 다녀야 한다. 혼자서 재미있게 다닐 수 있을 때까지.

10년
공든 탑 쌓기
●

"1만 시간의 법칙"
어떤 분야에서 일인자의 실력을 갖추려면 1만 시간의 노력이 필요하다는 주장을 읽은 적이 있다. 하루 3시간, 일주일 20시간, 10년의 노력을 말한다고 한다. 어느 정도 공감이 간다.

아이를 교육함에 있어서도 1만 시간은 아니어도 10년의 노력은 필요한 것 같다.

대부분의 부모들은 아이를 초등학교 3학년 때까지는 비교적 편하게 키운다. 4학년이 되고 분수가 본격적으로 나오기 시작하면서 갑자기 수학이 어려워졌다고 이 학원 저 학원을 알아보고 아이를 닦달하기 시작한다.

하지만 문제는 그때 발생한 것이 아니다. 계속 원인이 누적되고 있었지만 눈치채지 못한 것일 뿐이다. 태어나서부터 조금씩 쌓인 공백이 그때 처음으로 드러나 보인 것이다.

잘 자고, 잘 먹고, 잘 노는 것을 배우면서 시작한 학습이 그때부터 차이를 만들기 시작한다. 초등학교 3학년 때까지 앞으로 10년을 공부할 습관과 기본 지식을 단단히 기초 작업해 주어야 한다.

기초 작업은 부모님이 세심히 도와주어야 한다.

공부 습관과 기본 지식 만들기는 세월의 힘이 필요하다.

인내와 정성이 필요하다. 하루 10분씩 10년의 노력이.

학습은 어떠한 기본 틀이 만들어지면 살짝 건드리기만 해도 저절로 굴러가기 시작한다. 10분씩 10년의 노력을 기울인 아이와 그렇지 않은 아이는 차이가 날 수 밖에 없다.

나는 초등학교 4학년 때부터 아이에게서 서서히 손을 떼기 시작했다. 물론 중학교 때까지는 체크해 주었다. 초등학교까지는 "수학 공부해"라고 말하고 시간이 지난 후 했는지 확인하고 채점도 해 주었다. 중학교 때는 "수학 공부했니?" 하고 꼭 물어보았다. 채점과 수정은 알아서 해결하도록 했다.

아이는 10년간 매일 어떤 형태로든 조금씩 학습해 나가니 꾸준히 공부하는 것이 몸에 배어 있었고 결손 학습이 없었다. 그래서 매일 적은 양을 학습해도 진도 나가는 데는 무리함이 없었다. 그러면서 조금씩 자기주도 학습을 익히고 있었다.

아들은 중학교 때까지 시행착오도 많았다. 하지만 고등학교에 가기 전에 어느 정도 혼자서 공부하는 습관을 가지게 되었다.

공부는 스스로 하는 것밖엔 길이 없다. 어릴 때 신경 쓰고 커서는 혼자하게 하는 것이 어릴 때 그냥 두었다 두고두고 신경 쓰는 것보다 훨씬 편하고 쉽다. 하지만 어릴 때부터 아이를 너무 몰아붙이며 공부시키는 것은 방치보다 더 무서운 일이다. 적당하게 시켜야 한다. 그래서 아이 키우기가 쉽지 않은 일인 것 같다.

군대 간 아들이 휴가를 나왔다. 군살이 빠지고 탄탄해진 멋있는 몸을 만들어서 나왔다.

"우와~ 어떻게 하면 그런 몸을 가질 수 있어?"

아들이 대답하기를 잠자기 전에 스트레칭만 잘 해도 된다며 머리부터 발끝까지 신체 부위별로 스트레칭 하는 방법을 한 시간여에 걸쳐 설명해 주었다. 동작을 하나하나 배우며 그렇게 하면 참 좋겠다는 생각을 하였다. 그리고 매일 잠자리에 들기 전에 실천하리라 생각했다.

여러 가지 이유로 바쁜 며칠을 보내고 한번 해 볼까 생각하니 떠올릴 수가 없었다. 아들은 비법을 전수하였지만 나는 받아들일 준비가 되어 있지 않았던 것이다. 모두 다 습득할 수 있으면 더할 나위 없이 좋았겠지만 한꺼번에 그 좋은 것을 다 익힐 수 없었다.

차라리 한 가지 동작만을 가르쳐 주고, '다음번 휴가 나올 때까지 이 동작은 완전히 숙달시켜' 했더라면 좋았을 것이다. 그리고 그 다음 휴가 때 한 가지를 더 일러 주는 식으로 서서히 익혀 나갔더라면 아들이 제대하기 전에 모든 동작이 몸에 배어 있게 되었으리라.

세상의 모든 일은 한 가지 이치라 생각한다. 공부도 마찬가지다. 한꺼번에 모든 것을 다 할 수는 없다. 그래서 매일 10~20분의 꾸준한 학습이 필요하고 중요하다. 처음엔 이래서 어떻게 성적이 오를까 싶어도 시간이 흐르면 아이의 실력이 쌓이기 마련이고 진도는 저절로 나아가게 되어 있다. 하지만 한꺼번에 많이 하려고 생각하면 시작할 엄두를 내기도 힘들다.

무리하게 욕심내기 시작하면 제대로 해 보기도 전에 포기하게 된다. 출발선에 맞춰 생각하자. 50점을 맞는 아이의 목표는 100점이 아니라 55점 또는 60점이 되어야 한다. 9등급인 아이의 목표는 8등급 혹은 7등급에서 시작해야 한다.

수학으로 큰 밑그림 그리기

　　　　　　　　아이를 키우는 데 정답은 없다. 더 크고 나서 입시를 준비할 때도 사실 왕도는 없다. 하지만 부모가 되고 난 후에 육아나 교육법에 관심을 기울이면 여러모로 유익하다.

　요즘은 EBS 교육방송에 다양한 프로그램이 많이 방영되고 있고 꼭 우리 아이의 연령에 맞는 이야기가 아니더라도 들어 두면 다가올 일에 엄마의 시행착오를 줄일 수도 있다. 서점에 가 보면 책꽂이 여러 개를 차지할 정도로 육아서도 많다. 물론 육아 이론도 다양하니 꼭 뭔가를 골라 똑같이 할 필요는 없지만 넓게 읽고 듣다 보면 내가 할 수 있고 아이에게도 맞는 것이 무엇인지 보이고 내가 아이를 키우는 큰 밑그림을 그리는 데 많은 도움이 된다.

큰 밑그림이란 별다른 것은 아니다. 아이를 어떤 사람으로 키우고 싶은지, 입시에는 어떤 방식으로 접근해야 할지, 부모가 막연하게라도 지침과 목표를 설정하는 것이다.

아이를 교육하는 일은 쉽지 않아서 마음속으로 그려 둔 지도가 없으면 더 헤매기 쉽다. 어떤 방법이 맞다고 믿고 키우다가도 부모로서 확신이 서지 않고 흔들릴 때가 있다. 그런 순간 도움이 되는 것이 큰 밑그림이고 원칙이다. 갈팡질팡하는 시간에도 나는 '매일 수학 하루 두 장'을 고집했고 아이들의 학습은 굳건히 앞으로 나아갈 수 있었다.

큰 밑그림을 그릴 때, 획기적인 뭔가를 찾으려고 너무 애쓰지는 말자. 아이도 엄마도, 학습에서 로또를 기대해서는 안 된다.

그런 행운이 오는 것이 이상하다. 아이가 노력한 만큼의 결과만 오길 기대해야 한다. 공부에는 요령도 없고 대박도 없고 오로지 아이가 꾸준히 계속하는 것밖에는 길이 없다. 뭐가 좋다는 말에, 어떤 방법이 좋다는 말에 현혹되지 말자. 모두 다 좋다. 아이가 꾸준히 실천만 할 수 있다면.

아이 자신의 노고가 반드시 들어가야 한다. 아이 스스로 자신에 대한 확신을 가지게 할 필요는 있다. 아이가 선택해 열심히 하고 있다면 믿어 주고 격려하며 기다려 주어야 한다. 다른 아이들이 하고 있는 방법이 더 좋지 않을까 불안해 하지 말자. 선택한 것을 믿을 때 머뭇거리지 않고 추진해 나갈 수 있는 힘이 난다.

매일 수학 문제 두 장을 풀면 실력은 반드시 쌓여 간다.

더 많이 하면 더 좋을 것 같지만 '하루 두 장'을 어떻게 끊임없이 실천할 수 있을지를 고민해야지 두 장으로 부족하지 않을까 고민할 필요는 없다. 일주일에 열네 장이면 상당히 많은 양이다. 한꺼번에 열네 장은 효과가 없다. 꼭 하루에 두 장을 해야 한다. 그러면서 공부하는 습관은 자연스럽게 몸에 배게 된다.

아이도 엄마도 확신을 가지는 것이 중요하다.

스스로 서는 아이를 믿어 보자.

교육은 내 아이를 자기 인생을 책임지고 살아갈 수 있는 건강한 사회인으로 만드는 과정이며 자기 힘으로 행복한 삶을 살 수 있게 만들어 가는 과정이다.

인간을 인간답게 키우기는 쉽지 않은 일임이 분명하다. 하지만 내 아이가 훌륭한 인격을 갖춘 멋진 인간으로 성장하는 것을 지켜보는 것만큼 행복한 일 또한 없으리라 생각한다. 갈등도 있고 고민도 있고 좌절도 있겠지만 그것을 극복하고 성장해 가는 아이들을 보는 것은 그 무엇과도 바꿀 수 없는 일이었다.

그 과정에서 부모가 조금만 알고 있어도 많은 차이를 만들 수 있다.

책장을 정리하다 소소한 이야기가 적힌 옛날 노트를 발견했다.

그 글을 읽으며 내가 어떻게 그런 생각을 할 수 있었는지 옛날의 내게 감탄했다.

"생각은 지혜롭게, 몸과 마음은 건강하게, 생활은 사랑으로"

노트 곳곳에 이제 막 글자와 숫자를 익히기 시작한 딸아이의 낙서가 사랑스럽던 딸아이에 대한 기억과 함께 남아 있었다.

딸아이는 그 메모대로 자라났다.

공부로 쌓는 이기는 경험

●

내게 있어 행복과 불행은 정말 한끝 차이인 것 같다. 내 일상은 늘 비슷하다. 정말 변화가 없는 한결같은 나날을 살고 있다. 그런데도 행복한 날도 있고 우울한 날도 있다. 며칠 이유 없이 우울했는데 오늘 갑자기 하늘을 날 듯 행복해졌다.

아주 작은 성취감을 맛보았기 때문이다.

나는 거의 컴맹이다. 내게 있어 컴퓨터는 미적분을 배우는 것보다 심리적으로 더 어렵게 느껴진다. 일하는 데 필요한 최소한의 기능만을 활용할 수 있을 뿐이다. 그런 내게 새로운 시도는 스트레스가 된다.

어느 날 사용하고 있는 컴퓨터에 부팅 비밀번호를 걸어야 했다. F2키를 마구 누르니 영어만 잔뜩 떴다. 하지만 친절한 네이버양의 도움을 받아 몇 번의 시도 끝에 오늘 컴퓨터를 켜니 새까만 화면에 password를 입력하라는 창이 떴다. 드디어 성공한 것이었다.

남에게 아쉬운 소리 하지 않고 해결해 냈다는 것이 너무 좋았다. 뭔가 열심히 공부하고 싶다는 마음이 솟구쳐 올랐다.

아이에게는 이런 계기가 더 중요하다. 어떤 일이든 작은 성공의 경험은 아이에게 자신감과 자기 존재에 대한 긍정적인 마음을 가지게 만들어 준다. 어릴 때는 뭐든지 도전이 될 수 있다. 단추 잠그기, 양말 신기, 줄넘기하기, 피아노 한 곡이라도 멋지게 연주하기, 노래하기, 그림 그리기, 달리기, 종이접기, 블록 레고 만들기, 구구단 잘 외우기(더 일찍 말고, 꼭 2학년 때 외우게 하기), 수학도 전부는 아니라도 한 단원을 열심히 하여 그 단원 문제는 자신 있게 하기, 영어 한 단원 외우기, 영어 노래 부르기… 등. 무엇 하나를 목표로 정하고 꾸준히 연습하면 또래보다는 월등한 실력을 갖게 되고 그것은 곧 자신감으로 연결된다.

무엇이든 간에 '이 정도의 노력을 기울이면 이 정도의 경지에 도달 하더라'라는 감각을 아는 것이 중요하다. 어떤 경험이든 한 번만 긍정적인 경험을 하고 나면 그다음은 훨씬 쉬워진다.

그 경험을 토대로 나아가면 된다.

이런 긍정적인 경험을 쌓기 위해서는 달성 가능한 목표를 잡는 것 또한 중요하다. 성취의 경험도 학습되지만 실패의 경험도 학습되기 때문이다.

성공의 경험은 내 자아에 긍정적으로 각인되지만 반복되는 실패의 경험은 자존감에 상처를 줄 수도 있다. 하려면 어설프게 하지 말고 목표를 조금 낮게 잡더라도 완벽하게 해내 아이로 하여금 성취감을 맛보게 하는 것이 좋다. 그래야 또 다시 앞으로 나아갈 힘을 얻게 된다.

아이가 학습에 자신감이 없다면 사춘기가 오기 전에 아이의 마음을 '나는 안 돼' 식의 포기하고픈 마음에서 학습에 욕심을 가지는 마음으로 변화하도록 도와주자.

노력해서 100점을 맞으라는 것이 아니라 그렇게 1년을 노력하니 전혀 되지 않던 것이 되기 시작한다는 느낌을 알게 하고, '나도 하면 된다'는 작은 성취의 경험을 하게 하는 것이 중요하다.

성취의 경험이 있는 아이는 언제라도 다시 시작하기가 쉽다.

불안한 엄마가 망치는 수학 자신감

●

초등학교 2학년 때부터 수학공부방을 다니는 아이가 있었다. 3학년이 되니 수학뿐만 아니라 전 과목 수업을 듣게 되었다. 공부방 가는 날은 기본적으로 두세 시간은 있다가 온다고 한다. 아이는 수학 공부까지는 거부하지 않았지만 전 과목 수업은 원하지 않았다. 하지만 엄마는 아이가 3학년이 되니 친구들이 영어학원도 다니기 시작하고 혼자 놔두려니 어울려 놀 친구들도 없고 어떻게 해야 하나 불안하기 그지없었다고 한다.

그 불안함을 충분히 이해할 수 있다. 하지만 아무리 좋은 방법이 있더라도 아이가 하지 않으려 한다면 아무짝에도 소용이 없다. 사교육은 아이의 동의하에 시작하여야 그나마 최소한의 효과라도 거

둘 수 있다. 사교육을 하고 싶다면 아이가 학원에 가고 싶어 안달이 날 때까지 기다렸다가 보내야 한다. 선택할 수 있게, 알아서 해 보게 해 주어야 한다. 조금 뒤처지는 것 같더라도, 아이가 스스로 시도해 보고 실패도 하고 더 나은 방법을 찾는 그런 기회를 주어야 한다.

공부는 최소한 12년 이상을 뛰어야 하는 장거리 달리기와 같다. 처음에는 힘도 의욕도 넘치고 발걸음도 가볍다. 하지만 마라톤 경기에서 역량 좋은 선수들도 오버 페이스를 해 버리면 아주 저조한 성적을 기록하는 것을 종종 본다. 오버 페이스를 하면 완주하기 힘들듯 학습은 장기적인 안목으로 보아야 한다.

옆에서 몇 개의 가방을 메고 분초를 다투며 이 학원 저 학원으로 뛰고 있는 옆집 아이를 보면 당연히 불안하다. 매스컴에서 특목고 입시를 위해 초등학교부터 광풍이 불고 있다는 뉴스를 접할 때마다 지금 시작하지 않으면 우리 아이에게 찬란한 인생이 사라져 버릴 것 같다. 하지만 가방 메고 같이 뛰는 순간 우리 아이는 그 많은 무리 중의 한 명이 되고 마는 것이다.

호흡을 고르고 끝까지 자기 페이스대로 뛰는 아이만이 결승점을 당당히 통과할 수 있다.

1학년 때는

7+8=15라고 바로 얘기할 수 있는 것보다

7+8은 5와 2와 5와 3 혹은 7, 3, 5 / 5, 2, 8로 구성되어 있다는 것을 아는 것이 더 중요하다.

수를 잘 계산하는 능력보다 수를 분해, 합성할 수 있는 능력을 기르는 것이 더 쉬워 보이지만 수학적인 발전 가능성은 더 크다.

덧셈에서 답을 말하는 것보다 수를 가르고 모으는 과정이 더 어렵다는 아이는 구체물을 가지고 놀아 본 경험 없이 처음부터 활자로 수를 익힌 아이일 가능성이 크다.

덧셈, 뺄셈을 하기에 앞서 바둑돌을 가지고 수를 가르고, 모으는 연습을 꾸준히 하는 것이 하루에 연산 문제 다섯 장을 푸는 것보다 훨씬 중요하다. 바둑돌을 가지고 놀며 수를 여러 방법으로 분해하여 수의 양적인 크기를 눈으로 확인하며 놀아 본 아이가 자기 페이스를 유지하며 뛴 아이이다.

13−8=10−8+3, 13−8=13−3−5를 이해하지 못한다고 아무리 이와 유사한 문제를 연습시켜도 소용이 없다. 바둑돌을 꺼내 수를 어떻게 가르고 모으면 10이 되는지를 연습해야 하는 것이다.

바둑돌은 집에서 누워 엄마랑 하는 것이니 아이에겐 놀이이지만 수학적인 자극이 크다. 하지만 13−8=10−8+3, 13−8=13−3−5는 머리 싸매고 해야 하는 공부가 되어 버린다.

1학년 때는 세로셈의 덧셈, 뺄셈을 순식간에 계산해 내는 아이보다 십진법을 정확하게 이해하고 있는 아이가 자기 페이스를 잘 지키고 있는 것이다.

이때 덧셈과 뺄셈을 숙달시키려고 하면 많은 시간과 노력이 필요하다. 그 과정에서 아이가 수학에 질리고 지칠 수 있다. 그 질림이 수학에 대한 거부 반응으로 나타나기도 한다.

초등학교 5학년 이전에는 선행하지 않는 것이 아이의 페이스를 유지하는 방법이다. 어려운 문제로 아이를 지치게 하지 말고 아이의 이해도에 맞는 개념을 연습하여 기초를 단단히 다지게 해 주어야 한다.

그러면서 그 시간에 아직 점수로 확인되지는 않지만 학습하는 데 필요한 기본 역량을 키워 주어야 한다. 1학년에서 3학년까지 시간이 많을 때 독서에 심취하게 만들면 학습으로 성공할 가능성이 기하급수적으로 늘어난다.

초등학교 시험 성적이 아이의 미래를 뜻하지는 않는다. 아직 어린 아이들은 실력이 있어도 멘탈이 약해 실수할 수도 있고 실력이 없어도 외워 푼 문제로 100점을 맞을 수도 있다. 초등학교 수학은 어떤 문제라도 암기해서 풀 수 있다. 하지만 수학 공부는 암기력을 키우는 과정이 아니라 수학적 사고력을 키우는 과정이다. 작은 것 하나라도 이치를 따져 생각하는 것을 익혀 나가는 과정이다. 무작정 너무 어려운 문제들만 푼다면 사고력이 발달하는 것이 아니라 풀이법을 외우게 된다.

길게 해야 하는 공부는 어렵게 진행하면 그 누구라도 끝까지 할 수 없다. 어려운 공부는 매일이 전쟁이다. 매번 엄마가 옆에 붙어 앉아 하나부터 열까지 가르칠 수는 없다. 엄마의 역할은 정해진 시간에 의자에 앉히는 것까지여야 한다. 일단 의자에 앉은 다음은 스스로 학습할 수 있는 난이도여야 아이도 계속해 나갈 수 있다.

대부분의 엄마들이 시키는 공부를 보면 너무 어렵고 너무 빨리 나가려고 한다. 그 이유는 편견 때문이기도 하지만 많은 엄마들이 수학에 대해 초조함을 품고 있기 때문이다. 수학은 엄마가 생각하는 것만큼 어렵지 않다. 대부분의 엄마들이 수학이 어려웠다는 공포만을 기억하고 아이에게 그런 경험을 하지 않게 하리라 다짐하고 서둘러 나가려 한다. 그러나 서둘러 가는 길은 넘어지기 더 쉽고 오히려 아이에게 그 공포를 물려줄 수도 있다.

빨리 나가야 할 이유가 하나도 없다. 나는 내 페이스대로만 가도 곧 지쳐 뒤로 밀려나는 무리들이 내 옆을 지나가고 나는 의도하지 않게 앞에 서게 된다.

내 아이가 자기 페이스를 잃지 않게 하려면 무리하지 말고 매번 그 나이에 맞게 쉬운 것을 완벽하게 가르치면서 나아가면 된다. 그러면서 아이가 스스로 고민하고 공부할 만큼의 여유를 주면 아이는 제 속도에 맞게 성장해 나갈 것이다.

인생은 끊임없이 새로운 과제가 주어지고 판단하고 결정하여야 하는 과정이다. 언제까지 누군가의 도움으로 해결할 수는 없다. 불안해 하지 않고 아이가 자기 힘으로 하는 공부에 자신감을 가질 수 있게 만들어 주는 것이 엄마의 가장 큰 과제가 아닐까.

열심히 하는데
성적이 안 오를 때
●

주변에서 들려오는 엄마들의 가장 큰 고민은 아이가 무기력하여 주도적으로 공부를 하려고 하지 않는다는 것이다.

아이마다 능력의 한계는 있지만 보편적으로 열심히 한 아이는 성적이 오르고 열심히 하지 않는 아이는 성적이 내려가기 마련이다.

그런데 아이가 의욕도 없다면 당연히 성적도 좋지 않을 것이다.

그렇다면 아이가 무기력한 이유는 무엇일까? 사람마다 해석이 다르다.

엄마는 이렇게 말한다.

"우리 아이는 머리는 좋은데 공부를 안 해서…."

선생님은 그렇게 말씀하셨다.

"아이가 머리는 좋은데 노력을 안 해서…."

잘 알아들어야 한다고 생각한다.

엄마는 "머리는 좋은데"까지 만을 기억하고 싶어 한다.

선생님은 "노력을 안 한다"고 말하고 싶었을 뿐이다.

대부분의 아이들은 노력하면 충분히 자기가 원하는 만큼의 성적에 도달할 머리를 가지고 있다. 단지 그만큼의 노력을 하지 않을 뿐이다.

정말 최선을 다하고 있지만 성적은 기대만큼 나오지 않는 아이도 있다. 내가 만족할 만큼의 성적이 나오지 않더라도 아이가 의욕적으로 열심히 하고 있으면 결국에는 내 아이의 능력의 한계까지의 성적은 낼 수 있다. 불안해 하며 학원을 전전할 필요는 없다. 스스로 공부하려 하는 아이라면 아이가 원하는 대로 해 주는 것이 좋다. 혼자 공부하고 싶다고 하면 학원 가는 아이들보다 당장은 성적이 덜 나오더라도 그 공부를 믿고 지지해 주어야 한다.

학원을 가고 안 가고는 중요하지 않다고 생각한다. 학원이 필요한 시점이라면 다니며 조금씩 도움을 받을 수도 있다. 하지만 '학원에 다니면 모든 것이 다 해결되리라', 혹은 '학원을 안 다녀 이 정도밖에 도달하지 못하는 것은 아닐까?' 하는 생각은 착각일 가능성이 높다.

스스로 하는 방법을 터득하는 것이 가장 큰 공부다. 그렇게 했는데도 안 된다면 내가 조금만 더 지원해 주었더라면 하고 자책하지 말자.

인정하기 싫겠지만 그것이 내 아이의 한계일 수도 있다.

하지만 혼자서 방법을 찾으며 최선을 다해 본 아이는 성적에 상관없이 내 인생을 내 힘으로 설계하며 살아갈 수 있는 능력을 기르게 된다.

아이가 중학생이 되면 엄마도 아이도 성적 때문에 마음이 쫓기기 마련이지만 고등학교와 비교해 보면 상대적으로 시간이 많은 시절이다.

시행착오를 겪을 여유가 있다.

수학이 어디서부터
잘못되었는지 모를 때

●

무엇이 지금의 내 아이에게 맞는 진도이고 학습량인지 알아보는 방법은 간단하다. 엄마가 "했니?" 하고 물었을 때 들어가서 부담 없이 후다닥하고 나올 정도가 적절하다.

자기 학년의 학습을 아이에게 미주알고주알 여러 번 설명해야 한다면 밑의 학년의 학습에 문제가 있는 것이다. 수학은 건너뛰고 넘어가면 항상 걸리는 부분이 생긴다. 수학은 지나간 학년의 학습이 완전하다는 전제하에 진도가 나가기 때문이다.

1학년 때 100까지의 수, 2학년 때 네 자리 이하의 수, 4학년 때 만, 억, 조까지의 수를 배우게 된다. 99를 읽을 수 있어야 199를 읽고, 1210을 읽을 수 있어야 네 자리씩 끊어 읽는 1210만과 1210억, 1210조를 쉽게 읽을 수 있다.

자릿수의 개념이 정확해야 109와 1009와 1009만이 자연스럽게 받아들여지는 것이다. 1009만을 쓸 수 없다면 1009 쓰는 것을 먼저 연습하는 것이 1009만을 더 쉽게 익히는 방법이다.

이렇게 수학은 선행 학습이 아니라 선수 학습이 되어 있어야 한다. 선수 학습은 이번 단계의 학습을 위해 미리 완성되어야 하는 학습을 말한다. 만, 억, 조를 배우기 전의 선수 학습은 네 자리의 수를 자유롭게 읽고 쓰는 것이다. 네 자릿수를 읽기 전에는 만, 억, 조를 제대로 읽을 수 없다.

아이가 아래 학년의 학습을 놓치고 올라왔다면 그때가 언제라도 그때부터 다시 시작하면 된다. 이때 관련 단원별로 하는 것이 좀 더 효과적이다. 아래 학년의 교과서를 분철하여 비슷한 것끼리 묶어 매일 해야 할 분량을 미리 정하고 난 후 어려워하는 부분이 아니라 아주 쉽게 할 수 있는 부분부터 시작해야 한다. 스스로 할 수 있는 데까지는 맡기고 자기 학년의 과정은 혼자하기 힘들어 하면 옆에서 1년 정도는 꼼꼼하게 체크하며 나아가는 것이 좋다.

아이가 좀 크고 나서라도 마찬가지다. 중학교 1학년인데 수학이 힘들면 초등학교 과정부터 다시 보아야 한다.

3학년 대분수, 가분수 바꾸기
4학년 동분모분수의 덧셈, 뺄셈
5학년 약수와 배수, 약분과 통분, 이분모분수의 덧셈, 뺄셈, 곱셈
6학년 분수의 나눗셈, 비와 비율, 비례식과 비례배분

위 내용은 꼭 다시 공부해 본다. 이렇게 약수, 배수, 분수, 비의 개념을 잡고 나서 중학교 과정으로 들어가면 된다.

수학은 계속성과 계열성이 있다. 하나의 개념을 여러 차례에 걸쳐 배우게 된다. 하지만 그 내용은 좀 더 깊어지고 넓어진다. 중학교에서도 방정식, 함수와 관련된 단원을 집중적으로 공부한다. 문자 사용방법, 1원 1차방정식, 2원 1차방정식, 2차방정식 순으로 배우게 되며 2차방정식을 풀기 위해서는 인수분해가 필수적으로 따라붙게 된다. 함수도 정비례와 반비례, 1차 함수, 2차 함수를 차례로 배우게 된다. 앞에 나온 내용을 알아야 그 개념을 더 확장시킬 수 있다.

수학이 힘들 때는, 우선 앞으로 돌아가기를 겁내지 말아야 한다. 그때가 몇 학년이든 아래 학년의 관련된 단원부터 다시 짚어 보는 것이 지금 학년의 단원을 이해도 못하고 끙끙대며 푸는 것보다 효과적이다. 아이의 이해가 멈춰 있는 지점에서 다시 시작하면 된다.

마음을 내려놓고 항상 지금보다 조금만 더 올린다는 마음으로 꾸준히 하다 보면 포기하는 것보다는 훨씬 나아져 있다. 수학 시험이라고 해서 다 어려운 문제만 있는 것은 아니다. 아무리 해도 도달하지 못할 어려운 학문도 아니다. 단지 시간과 인내가 필요한 학문

일 뿐이다. 지금이 어떠한 상태일지라도 절대 포기하지 말고 내게
맞는 방법을 찾아 시도해 보아야 한다.

목표가 100점이면 힘들겠지만 '지금보다 조금 더'는 분명히 가
능하다. 단언하건대 수학이 제일 솔직하게 성과가 나온다. 노력한
만큼.

사교육이
해결해 주지 못한다
●

나는 아직까지 공부가 재미있다는 아이
를 만난 적이 없다. 하던 놀이를 멈추고 공부를 할 수 있는 자제력
을 가진 아이는 있어도, 공부가 놀이보다 재미있어서 공부하는 아
이는 없다고 보면 된다.

과학고등학교에 다니는 아이들은 좀 다르지 않을까? 그 아이들
도 모두 노는 것을 더 좋아한다. 단지 해야 하는 일은 하는 성실함
을 가지고 있을 뿐이다.

놀기 좋아하는 아이들을 데리고 매일 공부시키기란 정말 쉽지
않은 일이다. 좋은 학습 습관을 만들어 가려면 온 신경을 집중해야

한다.

완성도 있는 한 편의 연극을 무대에 올리기 위해서도 몇 달의 숨은 노고가 있는데 우리 아이의 인생이 성공적인 무대가 되기 위해서는 얼마나 많은 노력이 있어야 할지는 미루어 짐작할 수 있다. 그래도 엄마는 아이가 처음부터 잘 따라와 주지 않을 때 불안해진다.

그 와중에 어떤 학원이 좋다는 소문을 들었다.

엄마는 지고 있는 짐을 내려놓고 싶다. 잘하고 있다는 확신도 없다. 하지만 자식이니 '나는 할 수 없다'라고 대놓고 말할 수는 없다. 내 속마음을 들키지 않고 짐을 내려놓을 좋은 방법이 생긴 것이다.

'저 유명한 학원의 유능한 선생님은 나보다 더 우리 아이를 잘 가르쳐 좋은 학습 습관을 가진 아이로 만들어 줄 수 있을 거야'라고 나를 합리화하며 아이를 학원으로 보내고 있는 것은 아닌지 생각해 보아야 한다.

내 아이에게 딱 맞는 선생님이 사교육 현장에 있을 수도 있다.

하지만 없을 수도 있다.

선생님의 가르치는 방법이 내 아이와 맞는지 안 맞는지는 적어도 6개월은 겪어 보아야 알 수 있다. 학습의 결과는 최소한 6개월은 지나야 보이기 때문이다.

6개월이 지나 내 아이에게 그 학원이 맞았다면 다행인데 안 맞았다면 아이는 6개월 동안 허송세월을 보낸 것이고 그 시간만큼의 결손 학습을 안고 가야 한다.

중간고사, 학기말고사가 끝날 때마다 학생들 간에 학원 대이동이 일어나는 것을 보면 아이에게 딱 맞는 학원은 없을 가능성이 높다.

비싼 학원을 보냈으니 더할 나위 없이 좋은 환경을 제공해 주었다고 착각하며 자신을 위로하고 있는 것은 아닐까? 그러나 투자한 돈에 비례하여 성적이 오르고 실력이 쌓이는 것은 절대 아니다.

아이가 내 눈에 보이지 않을 때가 마음이 제일 편하다. 돈을 그만큼 투자했으니 학원에서 열심히 공부하고 있겠거니 믿는 것이 내 마음이 편하다. 학원에 지불하는 비용은 내 마음이 위안받는 비용이다.

그것은 일종의 도피일 뿐이다. 아이는 엄마의 잔소리를 피해 도망가고 엄마는 아이를 책임지기 힘들어 학원으로 보낸다.

하지만 학원으로 들어가는 순간 마법의 가루가 뿌려지는 것도 아니고 집에서 안 하는 공부가 학원이라고 해서 갑자기 잘될 리가 없다. 집에서 안 하면 학원에서도 안 한다고 보면 된다.

공부는 듣기만 한다고 되는 것이 아니다. 내가 고민하고 생각하며 나아가야 한다. 꼭 필요할 땐 학원이나 사교육의 도움을 조금씩

받는 것은 도움이 될 수 있지만 아이들, 특히 어린아이의 학습을 타인에게 전적으로 맡겨 두어서는 안 된다.

부모들 사이에 전해져 오는 친자확인법이 있다.

아이를 가르치다 부르르 화가 치밀어 오르고 "왜 이 쉬운 것도 이해 못해" 버럭 소리 지르며 손이 올라가고 있다면 내 자식임이 분명하다고 한다.

흔히 하는 이 우스갯소리만 봐도 아이를 부모가 직접 가르치는 것이 정말 만만치 않은 일임을 알 수 있다. 누구나 자기 아이에게는 욕심과 기대가 생기기 마련이고 인내심을 잃기 쉽다.

마음을 다르게 먹어야 한다. 내 아이를 가르칠 때도 돈 받고 남의 집 아이 가르치듯 하면 된다. '이것도 모르냐'고 윽박지르지 말고 '이것도 모를 수 있다'고 받아들이며 '하나를 가르치면 열을 깨우치면 좋겠다'는 기대감을 버리고 좀 더 쉽게 설명하고 어디가 안 되는지를 살펴 기초를 쌓을 수 있게 해 주어야 한다.

가르치려고 하니 울화가 치밀어 오른다고 학원으로 보내 버리면 얻는 것은 잠깐의 위로와 아이의 실체를 똑바로 지켜보는 괴로움을 유예시키는 것뿐이다.

학원은 상위 3퍼센트의 아이를 위한 곳이다. 다른 아이들의 엄마도 3퍼센트의 아이를 쳐다보며 내 아이도 저렇게 될 수 있다는 환상을 쫓게 하는 곳일 뿐이다. 학원에 다니면서 공부를 척척 잘하는 상위 3퍼센트의 아이는 어디서 어떻게 공부하더라도 잘할 수밖에 없는 아이이고 그렇지 않은 아이들은 근본적인 것을 해결해 주지 않는 한 어떤 학원에서 공부하더라도 실력이 늘지 않는다.

어릴 적부터 아이와 대화하며 가까이에서 지켜보며 무엇이 안 되는지를 잘 살펴보고 엉클어진 매듭을 잘 풀어 주어야 한다. 매일 체크하며 습관을 잡아 나가면 생각보다 시간이 많이 걸리지 않는다. 그래서 너무 어렵지도 너무 많지도 않은 '하루 두 장'의 학습이 필요하다. 일단 습관이 잡히고 나면 애써 새삼 친자확인을 할 일도 없다.

조금 힘들다고 도망가려 하지 말고 부딪쳐 싸워 보자. 엄마가 긴 시간을 두고 아이의 행동 습관과 학습 습관을 만들어 주어야 한다.

경험으로 보건대 10년의 시간은 필요하다.

10년간 어릴 때는 5~10분, 초등학생이 되었을 때는 30~40분의 시간을 아이가 매일 수학 학습에 투자하도록 한다면 후에 반드시 성공하리라 확신한다.

중요한 것은 한꺼번에 긴 시간이 아니라 짧은 시간을 지속적으로 해야 한다는 것이다. 그래서 실천하기가 쉽진 않지만 조금만 생각을 바꾸면 그리 어려운 일도 아니다.

습관은 누구에게나 무서운 것이어서 처음 한두 해 그렇게 습관이 되면 어떠한 상황에서도 짬을 내어 오늘의 공부는 하게 된다. 그때까지는 아이를 관찰하고 변화하는 모습을 의식하면서 세심하게 관리해야 한다. 처음에는 내가 공부시키지만 어느 순간 말하지 않아도 공부하고 있는 아이의 모습을 보게 된다.

아이는 긍정적인 자극 속에서 스스로도 성장하기 때문이다.

나는 가르칠 자신이 없다고 생각할 수도 있다.

어렵게 생각하지 말자. 유아 땐 어찌할 바를 모르겠다면 10까지의 수 가르기와 모으기를 하고 놀고, 역시 놀면서 50까지의 수 순서만 익히게 해도 된다. 학교에 들어가고 나면 중간에 학습이 결손되지 않는 이상 매일 조금씩 예습, 복습하여 나가면 부모님이 크게 손대지 않아도 될 만큼의 난이도로 교과서가 구성되어 있다.

어제 배운 내용을 이해하면 오늘 배우는 내용도 큰 무리 없이 받아들일 수 있다. 설명이 필요한 경우에는 교과서에서 설명하는 그대로 설명하면 된다.

아이가 이해를 못한다면 내가 잘못 가르쳐서가 아니라 아이가 그 문제를 받아들일 수준에 도달하지 않은 경우가 더 많다.

그러니 자신 있게, 용감하게, 내 아이 가르치는 일에 도전하길 권하고 싶다. 그것이 성공 확률이 제일 높다.

흉내 내지 않는 공부

●

엄마들에겐 꼭 버려야 할 두 가지의 대표적인 강박관념이 있다. 아이를 하루 종일 책상에 앉혀 두어야 할 것 같은 마음과 어려운 것을 많이 가르쳐 주어야 아이가 더 똑똑하게 잘 자랄 것이란 생각이다. 둘 다 아이에게 독이 된다.

며칠 전 친구와 남산 도서관 아래 한적한 북 카페를 갔다. 조용히 책을 읽고 차를 마시는 사람들 속에서 중학생 아이가 과학 과외를 받고 있었다.

중학교 과학은 깊이 있게 들어가지 않기 때문에 외워야 되는 부분만 정확하게 외우면 생각보다 공부하기가 쉽다. 하지만 아이는 외워야 하는 것은 외우지 않고 축축 늘어진 채 문제만 풀고 있으니 끊임없이 오답이 나오고 앞에 앉은 선생님은 계속 같은 설명을 하고 있었다.

그 학생의 입장에선 시간을 많이 투자해 공부를 한 것일 테다.

한 시간 남짓 후 우리가 먼저 그곳을 나와 그 학생이 얼마나 더 앉아 있었는지는 모르지만 내가 보았을 때는 그 학생은 그날 실질적으로 공부한 것이 없었다.

공부는 먼저 자기가 알고자 하는 의욕이 있어야 한다. 내 머릿속이 깨어 있어서 새로운 내용을 이해하고 받아들여야지 멍하니 앉아 선생님이 설명하면 '예' 한다고 해서 그게 내 것이 되지는 않는다.

그러면 왜 아이는 스스로 파고들면서 공부하지 않고 들어서 공부하려고 하고, 건성으로 흉내 내는 공부에 길들여진 것일까?

공부는 스물네 시간 책상에 앉아 있다고 해서 저절로 되지 않는다. 하지만 많은 엄마들은 우리 아이들이 책상에 앉아 있길 강요한다. 책상을 벗어나면 왠지 불안하다.

학습 시간이 아니라 학습의 질을 생각해야 한다. 하루 공부할 목표를 정했다면 집중력 있게 하여 빨리 끝낸다고 해도 더 이상의 과제를 제시해서는 안 된다. 그런데 과제를 빨리 끝내면 엄마들은 왠지 너무 적게 시킨 것 같아 과제를 조금 더 제시하게 된다. 나도 그런 엄마들중의 한 명이었음을 고백한다.

아이들 입장에서는 '집중력 있게 빨리 하면 뭐하나 어차피 하루 종일 공부 시킬 건데' 하는 마음이 생길 수밖에 없다.

아이가 하루에 30분을 공부하더라도 집중할 수 있도록, 엄마들이 강박관념을 내려놓아야 한다. 많은 엄마들이 책상에 앉아 있는 아이를 봐야만 불안하지 않지만, 책상에 앉아 있다고 공부를 하는 것은 아님은 모른다.

엄마가 세게 밀어붙이면 아이는 엄마 앞에선 공부하는 척을 하고 밖에서 알아서 잘 논다. 아이가 열심히 하는 것 같은데 성적이 안 나온다면 공부는 안 하고 공부하는 흉내만 내고 있어서 그럴 수 있다.

이 시간을 통해 아이는 시간낭비와 수동적인 공부를 배우고 있는 것이나 다름없다. 스트레스는 스트레스대로 받고 그렇다고 실력이 느는 것도 아니다. 엄마의 심리적 위안을 위해 아이를 책상 앞에 붙들어 둔다면 오히려 아이의 잠재적 학습 역량의 성장을 침해하게 되는 셈이다.

'하루 수학 두 장' 풀이만으로 될까? 그런 의문도 들겠지만 의외로 많은 아이들은 몇 시간을 책상에 앉아 있어도 그 두 장만큼의 공부도 안 하는 경우가 태반이다.

아이에게 수준 높은 것을 가르쳐야 한다는 엄마의 강박관념 또한 아이의 학습을 가로막는다. 이런 생각에 사로잡힌 엄마들은 아이에게 복잡하고 꼬인 문제들을 골라 가르치게 될 가능성이 높고, 그런 문제를 아이가 스스로 이해하기 힘들기 때문에 하나하나 설명하게 된다. 하지만 이런 방식으로는 아이의 학습 능력을 향상시키지 못하고 오히려 수학에 거리감을 갖게 한다. 어려운 수학 문제의 풀이 과정을 일일이 가르치려 해서는 안 된다. 개념을 잡을 때는 도움의 손길이 필요할지 모르지만 응용은 혼자서 터득해야 한다. 스스로 생각하여 사고의 폭을 넓혀 가야 한다.

어떤 엄마들은 어려운 문제를 직접 설명하기 벅차면 학원이라도 보낸다. 하지만 많은 아이들이 다양한 학원을 전전하고 있지만 여전히 수학을 극복하지 못한다면 그 이유가 단지 수학이 어려워서만은 아닐 것이다. 지금 공부하는 방법에 문제가 있지 않을까 생각해 보아야 한다.

공부를 잘 가르치고 싶다면 가장 우선 순위에 둬야 할 참고서가 우리 곁에 있다. 학기가 바뀌고 아이가 받아온 수학 교과서와 수학 익힘책을 꼼꼼히 살펴보자. 초등학교 수학 교과서는 굉장히 좋은 교재이다. 아이가 새로운 개념을 배울 때는 항상 수학 교과서와 수학 익힘책으로 시작하는 것이 좋다. 개념을 익히는 데 이보다 더 좋은 교재는 없다.

초등학생이라면 한 학기 동안 수학책 세 번, 수학 익힘책 세 번 정도 풀기를 권하고 싶다. 하지만 세 번을 채워야 된다는 의무감이 아니라 꼼꼼하게 생각하면서 풀어야 의미가 있다.

한번씩 아이의 문제 풀이를 보면서 "왜 그렇게 생각하니?" 하고 물어보자.

논리정연하게 대답하지 않아도 좋다. 아이가 '왜 그렇지?' 하고 생각해 보는 시발점만 되면 된다.

굉장히 까다로운 문제 하나를 문제집에서 풀어 보고 비슷한 문제를 해결할 수 있는 것보다 수학책을 만든 사람들이 의도한 대로 개념 하나하나를 이해하고 연습하면서 따라가는 것이 수학적 사고력 향상에는 더 도움이 된다.

한 학기가 끝나고 수학책을 아이와 함께 처음부터 끝까지 한 장씩 넘겨 보자. 아이가 눈으로 훑어 내려갔을 때 개념이 막힘없이 쭉 정리가 되면 한 학기의 학습이 잘된 것이다. 뭔가 알쏭달쏭해 하거나 공식의 유도 과정이 막히거나 그 공식들이 정확하게 기억나지 않으면 좀 더 복습이 필요하다. 이렇게 매 학년의 단계를 차근차근히 밟아 올라갈 수 있도록 하면 된다.

한 학기가 지난 수학책은 버리지 말고 책꽂이에 꽂아 두면 다시 활용할 수 있다. 5학년 1학기에 다각형의 넓이를 구하는 단원이 있다. 그러면 그 전에 다각형의 정의를 다루는 부분들을 복습해 보면 좋다. 다각형에 대한 정의는 4학년 2학기에 배운다. 다각형의 넓이를 배우기 전에 4학년 2학기 책을 꺼내 가볍게 한번 정리하고 들어가면 훨씬 쉬워진다.

수학의 모든 학습이 다 그런 관계 속에 있다.

여러 번 강조하지만, 쉬운 것으로 시작해야 한다. 자기 학년의 교과서를 공부하는 것이 제일 쉬운 방법이다. 학습은 스스로 깨우쳐 가는 과정이다. 미리 주입된 지식으로 문제를 푸는 것이 아니라 자기 힘으로 깨우쳐 가는 기쁨을 알게 하면 더할 나위 없이 좋다. 아이들은 스스로 자라나야 한다. 부모는 아이가 그럴 수 있도록 도와주기만 하면 된다.

한번씩 수학 교과서 목차를 살펴보자. 목차를 이해하는 것도 상당히 중요하다. 목차를 보며 해당 공식과 개념을 적어 보고 각 단원 간의 상관관계를 생각해 볼 필요가 있다.

교과서는 훌륭한 개념서일뿐만 아니라 위와 같이 활용하면 수학에 대한 거시적인 시점을 갖도록 도와준다.

어떤 산의 진면목을 알려면 그 속에서 자라는 하나하나의 나무며 풀이며 꽃들도 살펴보아야 하지만 멀리서 그 산의 웅장한 자태도 볼 수 있어야 하듯, 수학도 당장의 문제를 풀 줄 아는 것도 중요하지만 여러 단원들이 무슨 이야기를 하는지, 어떻게 어우러지는지, 서로의 상관관계도 살펴볼 줄 알아야 한다. 그것들이 왜 필요한가도 생각해 보아야 문제를 폭넓게 해결할 수 있다. 나중에 미분과 적분을 공부해도 그것이 왜 필요하며 어디에 적용되는 것인지를 생각해 보아야 한다.

그래야 기계적으로 문제만 푸는 것이 아니라 여러모로 활용할수 있고 원리도 더 잘 이해할 수 있다. 아이가 다양한 방법 중에 최상의 것을 선택하여 해결할 수 있도록 가르쳐야 한다.

극성스러운 동네에서도 살아보았고, 극성스러운 엄마들도 가까이에서 많이 보았다. 반면, 스스로 너무나도 쿨하다고 생각하는 부모들도 있다. 아이가 하겠다고 할 때까지 신경을 끄고 있다.

물론 자율적인 것이 더할 나위 없이 좋기는 하다. 하지만 학습에도 타이밍이라는 것이 있다. 결정적인 순간에 주어지는 약간의 팁 같은 것은 있어야 한다.

직장을 다니다 보면 너무 바쁜 나머지 의도치 않게 이런 자세가 되기 쉽다. 그러나 지금 내가 사는 삶이 너무 바빠서 혹은 내가 아이는 스스로 공부해야 한다고 생각한다고 해서 어린아이가 알아서 하겠거니 하는 것도 일종의 방임이다. 어느 날 아이가 "오늘부터 공부할래요" 하고 책을 펼치기를 기대해서는 안 된다.

공부가 거창한 것이라고는 생각지 않는다. 그래도 적어도 초등학교까지는 아이가 무엇을 배우고 있는지, 얼마나 어떻게 성장하고 있는지 살펴보고 있어야 한다.

"너는 너의 인생을 열심히 살아. 엄마는 엄마의 인생을 최선을 다해 열심히 살고 있으니까" 해서는 곤란하다. 어느 누구도 내 자식을 끝까지 책임져 주지는 않는다. 내 자식이 잘못 성장해도 나처럼 마음 아파

할 사람도 없다.

나 역시 아들이 초등학교 2학년이 되고부터 다시 일을 시작했고 밤 10시가 넘어 귀가했다. 그래도 내 자식은 어느 정도 내가 책임지면서 가야 한다. 하지만 몸은 하나인데 어떻게 해야 할까? 선택과 집중이 필요하다고 생각한다. 나는 다음과 같이 우선순위를 정하고 실천하려 애썼다.

첫째, 건강한 식사 준비

우리는 내가 아무리 피하려 해도 아이들이 커 가면서 피자, 햄버거, 탄산음료, 치킨, 튀김 등은 피할 수 없는 환경 속에 살고 있다. 그나마 먹는 것을 통제할 수 있는 아이들 어린 시절에는 피하는 것이 좋다. 어릴 때 먹은 음식에 대한 소화효소가 많이 분비되어 어른이 되어서도 그 음식을 좋아하게 된다고 한다.

둘째, 꾸준한 학습 체크

여기까지 하면 나머지는 대충해도 별 문제 없다.

집은 좀 지저분해도 상관없다고 생각한다. 청소, 빨래 같은 집안일은 지저분하면 지저분한 대로 지내면 된다. TV에 어떤 한의사가 과하게 깨끗한 집보다는 어느 정도 지저분한 집에서 자란 아이들이 기관지가 더 튼튼하다고 얘기하는 것을 들은 적이 있다.

모든 것을 다 잘 할 수는 없다. 너무 바쁘고 힘들어서 다른 사람의 도움이 필요한 상황이라면 중요한 것은 내가 하고 덜 중요한 것을 다른 사람에게 도움을 청해야 한다. 필요하다면 청소, 빨래는 도움을 받아도 된다.

하지만 초기 학습은 부모가 책임져야 한다.
학습능력, 습관, 성격은 같이 만들어진다고 생각한다. 돈을 많이 주고 맡기는 선생님이니 잘 가르치리라 생각하면 안 된다. 아이는 아주 단순하고 소박한 것에 크게 자극받고 발전하는 것을 종종 본다. 아이가 무엇을 하며 어떻게 살고 있는지 항상 관심을 가지고 있어야 한다.

하루 두 장은 일하는 엄마도 지도하기 쉬운 학습법이다.
어차피 공부는 엄마가 하는 것이 아니다. 아이 수준에 맞는 문제집을 정해 서로 약속한 부분을 매일 정해진 시간에 스스로 하게 하고 부모는 밀리지 않도록 매일 체크하기만 해도 된다.
잠깐 채점하는 수고 정도는 아끼지 말아야 한다.
아이는 매일 하는데 엄마의 채점이 밀리면 아이의 학습 효과는 반감된다. 정확하게 몰라 틀린 문제를 몰아서 다시 풀게 한다면 아이에게는 쉽지 않다. 밀릴 수 있는 계기가 된다. 다음 날, 반드시 어제 틀린 문제부터 풀고 오늘의 문제를 풀게 해야 한다. 그래도 틀리는 문제는 조금의 설명이 필요하다. 해결할 수 있는 수준의 과제를 매일, 부모가 옆에 있든 없든 푸는 습관을 들여야 한다.
퇴근 시간이 늦어도 충분히 할 수 있는 일이다.

현재의 삶을 살기에 바빠 아이 학습을 등한시한다면 10여 년 뒤 더 큰 아픔으로 다가올지도 모른다. 내가 아프고 힘든 것은 얼마든지 참고 견딜 수 있는 것이 부모이다. 하지만 아이가 아픈 것을 지켜보는 것은 견딜 수 없다. 아이가 자기의 자리에서 좌절하지 않게 지지하고 응원하며 나아가야 한다.

안 된다고 학원으로 내몰 것이 아니라 왜 안 되는지, 어떻게 안 되는지 꼭 살펴보고 이야기 나눠 가며 근본적인 문제를 해결할 수 있도록 노력해야 한다.

하지만 직장을 나가지 않고 아이만 키웠다면 더 잘 자라지 않았을까, 지금이라도 직장을 그만둬야 아이의 미래가 더 밝아지는 건 아닐까 자책할 필요는 없다. 그럴 수도 있겠지만 그렇지 않을 수도 있다.

현명한 사람들은 자기가 가진 상황의 장점을 극대화하고 단점을 최소화하며 산다. 엄마가 집에 늘 있다면 포근한 안정감이 있을 것이다. 아무도 없는 집에 혼자 들어가야 한다면 외로움과 불안함이 있을지도 모른다. 하지만 엄마의 계속되는 보살핌이 아이를 의존적이게 만들 수도 있고 엄마의 세심한 관심이 아이에게 잔소리로 각인될 수도 있다. 혼자 보내는 시간이 많은 아이는 고독한 아이로 클 수도 있지만 자립심 강한 아이로 커 갈 수도 있다.

자립심이 강한 아이로 키우면 된다.

지금 할 수 있는 일을 하자. 혼자 집에 들어갔을 때 냉장고에 사랑이

담긴 한 통의 편지가 그날의 스케줄과 함께 붙어 있다면 엄마는 집에 없지만 따뜻한 마음은 느낄 수 있지 않을까? 하루 종일 아이랑 같이 있으면서 짜증 내고 윽박지르고 대화하지 않고 명령하는 우울한 엄마보다는 늘 같이 있어 주지 못해도 아이에게 관심을 가지고 대화하며 공감하고 아이가 나를 필요로 할 때 소통할 수 있는 엄마가 훨씬 더 좋다. 제일 중요한 것은 내가 아이와 공유하는 시간의 질이다.

시간이 흐르고 아이가 어느 정도 성장하고 나면 직장을 다니며 열심히 산 엄마의 모습을 자랑스러워하며 은연중에 엄마의 성실한 삶을 닮아 성실히 사는 모습을 보게 될 것이다.

아침에 해결하는 기본연산

진짜 중요하고 필요하다고 생각하는 것은 아침에 해결하면 더 꾸준히 해낼 수 있다.
우리 아이들은 아침에 밥 먹기 전에 식탁에서 연산 문제 연습을 했다. 초등학교 저학년 때는 5분, 고학년이 되어서도 10분 안에 해결할 수 있는 범위 내에서 시켰다.
아침의 짧은 학습이 의외로 효과적이다. 시간 투자 대비 효과가 크다.
많은 아이들이 5분에서 10분이면 끝나는 일들을 하루 종일 하지는 않으면서 해야 된다는 스트레스를 받고 있다. 다른 아이들이 하루 종일 미루는 일을 우리집 아이들은 아침 5분에 끝내고 가벼운 마음으로 하루를 시작하였다. 엄마도 마음이 개운한 것은 물론이다.

똑똑한 선행 학습

나는 선행 학습이 중요하지 않다고 생각한다. 공부를 하려는 의지가 없는 아이에게 선행 학습은 아무 의미가 없다. 공부는 어느 순간 멈출 수 있는 것이 아니라 학교생활 내내 해야 하는 것이므로 꾸준히 하지 않으면 선행을 한들 효과가 없고 공부를 하려는 의지가 있는 아이는 선행 학습을 하지 않더라도 별 무리 없이 학습이 진행될 수 있다.

초등학교 5학년이 되기 전에는 선행 학습을 하지 않는 것이 좋으며 그 이후로 조금씩 선행 학습을 하더라도 예습의 범위를 넘어서지 않는 것이 좋다. 방학 동안 다음 학기 문제를 보는 정도가 아이가 수용하기 제일 편하고 학기 중의 학습에 대한 심리적 부담을 덜어 주는 수준이다.

선행 학습 방법

예습을 할 때도 심화 학습까지 하려고 하지 말고 개념을 반복해서 푸는 것이 더 효과적이다. 심화 문제는 학기 중에 학교에서 그 개념을 정확하게 배우고 난 후에 푸는 것이 더 좋다.

어설프게 선행 학습을 하면 오히려 개념을 정확하게 잡기 어렵다. 아이들의 지적 성장에도 적기가 있기 때문이다. 중학교 때까지는 단단히 다지고 올라가는 공부가 필요하다.

선행 학습이 필요한 시기

꼭 필요한 선행 학습만 하자. 우리 아이들의 경우, 중학교 3학년 여름 방학부터 서서히 속도를 올려 전력 질주는 중학교 3학년 겨울방학 때부터 해도 충분했다.

선행 학습에 있어서 이 겨울방학은 상당히 중요하다. 대학 수능일은 항상 11월 초다. 고등학교 3학년 때 고등학교 3학년 과정을 마치고 바로 시험을 칠 수는 없는 노릇이니 6개월에서 1년 정도의 선행은 되어 있어야 한다. 중학교 3학년 학기말 시험이 끝나는 그날부터 독하게 마음 먹고 매일이 시험인 것처럼 시작하면 좋다. 어느 정도 준비가 된 채로 고등학교에 올라갈 수 있다.

여력을 남기는 학습

초등학교 6년, 중학교 3년, 고등학교 3년.

12년을 전력 질주를 할 수는 없다.

고등학생이 되기 전까지는 전력 질주 하여서도 안 된다. 항상 여력이 남아 있어야 한다. 뛸 수 있는 기본 체력을 초등학교, 중학교 9년에 걸쳐 만들고 마지막 3년을 열심히 뛰어도 충분하다.

대신 교육과정마다 반드시 도달해야 되는 학습 목표가 있다.

그것만큼은 완성하고 나아가면 된다.

예를 들어 초등학교 1학년은 덧셈구구의 완성이 제일 큰 목표다. 2학

년은 받아올림과 받아내림이 있는 덧셈과 뺄셈 그리고 구구단의 완성
이다. 그러면 1학년 때는 덧셈구구만 연습시키면 되지 받아올림, 받아
내림이 있는 세로셈은 연습시킬 필요가 전혀 없다. 1학년 때 구구단을
외운다고 수학을 잘하게 되는 것은 아니다. 교육과정에서 외워야 할
단계에서 집중적으로 외우게 하면 된다. 쉬운 것을 강화시켜 주어야
한다. 자기 학년에서 배우는 것이 쉬운 것이다.

선행의 위험성

초등학교, 중학교 때까지의 수학은 개념을 잘 받아들이고 개념을 잘
응용하고 앞으로 배울 학습을 위해 기초를 탄탄하게 하는 것이 더 중
요하다. 이치를 따져 생각하는 연습을 해야 하는 것이다. 그런데 문제
가 내 사고의 수준을 벗어나면 아이는 이치를 따지려 하지 않고 그 유
형의 형태를 외워 버린다.

외워서 하는 공부는 중학교 3학년 과정까지이다.

고등학교 수학은 논리적으로 이치를 따져 사고하는 연습이 되어 있지
않은 아이는 한계가 있기 마련이다. 그래서 고등학생이 되기 전에 선
행 학습보다 더 중요한 것은 아주 기초적인 문제라도 그 문제에 필요
한 개념은 무엇이며 어떤 문제와 연결되어 있는지, 무엇을 묻고 있는지
생각하는 연습을 하는 것이다.

생각하며 공부할 줄 알고 성실하게 노력하는 아이는 고등학생이 되면
금방 실력이 좋아질 수 있다. 중학교까지의 최대 목표는 수학을 "잘하
는 것"이 아니라 "성실하게 열심히 하는 것"까지면 충분하다.

인생을 선행할 수는 없다

설령 선행 학습을 하더라도 항상 경계해야 하는 부분이 있다.

선행이 능사는 아니다. 모든 것을 선행 학습하려고 하다 보면, 당면한 과제를 해결하는 능력을 기르지 못한다.

인생은 선행할 수 없고, 도무지 예습할 수 없는 과제들의 연속이다. 아무런 연습이 없는 아이가 어떻게 해결하며 살아갈까?

아이가 공부를 잘하는 것은 키울 때의 재미이기는 하다.

하지만 아이의 능력을 지나쳐 과하게 많은 것을 시키면 아이는 허덕이며 쫓아가다 스스로에게 좌절하게 된다.

아이는 자존감을 잃어버리면 아무것도 할 수 없는 무기력한 아이가 되어 버린다. 그것은 공부 못하는 것에 비길 수 없는 무서운 일이다.

다 크고 나서의 삶도 생각해야 한다.

무리하지 않고, 할 수 있는 만큼의 공부를 하며 아이가 스스로에게 자신감을 가지게 하는 것이 더 중요하다. 내 아이의 그릇의 크기에 맞는 기대치를 가지고 조금씩 나아갈 때 어느새 그 그릇이 내가 생각하는 것보다 더 커져 있음을 보게 될 것이다.

무엇을 해도 자신 있게 사는 아이와 무엇을 해도 자신 없는 아이는 성적의 문제가 아니다.

3장

입학 전
수학 학습법

꼭 해야 할
유아기 수학

●

유아 때는 잘 먹고, 잘 자고, 잘 노는 것이 실력이다. 이때 아이는 몸만 자라고 있는 것은 아니다. 조금씩, 조금씩, 한 인간이 될 수 있게 머리도 마음도 성장하고 있다.

3~7세 아이의 머리와 마음에 가장 많은 자극을 주는 것은 놀이다. 아이는 무엇에서나 재미를 찾아내고 단순한 놀이에도 무척 즐거워한다. 그러면서 점점 인지 능력이 발달하고 추상적인 개념들도 이해할 수 있게 되는 것이다.

수학도 수학 학습지나 교과서를 보면서 시작하는 것이 아니라 이 놀이 과정 중에 밑작업이 시작된다. 물건에 개수가 있다는 점, 여러 가지 모양들에는 이름이 있고 특징이 있다는 점, 물건들을 규칙에 따라 나눌 수 있다는 점. 이런 것을 아이는 기호로 표현할 수 있기도 전에 어렴풋이 깨닫는다.

아이가 이런 개념들을 더 잘 이해할 수 있고, 숙지할 수 있도록 놀아 주고 아이가 무엇을 배워 나가고 있는지도 생각한다면 아이는 기호화 된 수 또한 직관적으로 이해할 수 있고 수학의 그릇도 더 키울 수 있다.

아이는 이런 노력을 통해 틀림없이 건강한 마음과 머리를 가진 한 사람으로 자라날 것이다.

유아기에 필요한 수 개념 쌓기 1

무엇에서든 자극받는 유아 시기에는 즐겁게 놀면서 가르칠 수 있는 것들이 많다. 그중 하나가 수 개념이다.

어릴 때 읽은 위인전 속에서 설리번 선생님이 헬렌 켈러를 교육시킬 때 물건을 만지게 하면서 헬렌의 손바닥에 글씨를 써 주었다. 헬렌은 선생님을 똑같이 흉내 내며 장난치지만 그 의미를 몰랐다.

어느 날 설리번 선생님은 정원에 있는 펌프 물을 헬렌의 왼손에 끼얹고 오른 손바닥에 물이라고 쓴다. 헬렌이 어리둥절해 하자 같은 행동을 하고 또 한다. 몇 번을 했을까, 헬렌은 불현듯 설리번이 전하고자 했던 메시지의 의미를 깨닫게 되었다. 손바닥에 쓰여지는 것이 손에 만져지는 그 물체를 가리키고 있음을 알게 된 것이다.

아직 수 개념이 낯선 어린아이에게 수학을 가르칠 때도 그 깨달음의 순간이 오게끔 끊임없이 그리고 꼼꼼하게 아이를 수의 세계로 인도해야 한다.

부모님들의 관점에서 미적분은 어렵고 수 세기는 아주 쉬우니

수의 의미도 그만큼 쉽다고 생각하고 소홀하게 취급하는 경향이 있다. 하지만 아이에게 수의 개념은 당연한 것이 아니다. 수가 어느 물건에나 적용되고, 같은 숫자라도 위치에 따라 크기가 다르다는 것은 한두 번 가르친다고 학습되는 것이 아니다. 어느 순간 "아하!" 하고 깨닫는 것이다. 그 순간이야 말로 아이가 수학이란 신세계를 발견하는 때다. 그 느낌을 알게 하기까지 생각보다 많은 시간이 필요하다. 한두 달 하고 지나가는 순간 수학은 어려워지기 시작한다. 아이가 이미 수학을 힘들어 할 때에서야 가르치려 하지 말고 비교적 간단한 개념들을 익힐 때부터 제대로 접하게 해 주어야 한다. 처음이 완벽하고 어렵지 않으면 미적분도 어렵지 않다.

수학 학습은 점프하지 않는다.

단계 단계를 밟아 나가다 보면 목표점에 도달할 수 있게끔 짜여 있다.

내가 아직 아이를 지도해 줄 수 있을 때 목이 아프도록 아이에게 물어보고, 아이가 질문하면 대답해 주어야 한다. 그렇게 10년을 하고 나면 내가 모르는 것을 아이 스스로 해결할 수 있는 시점이 온다. 어릴 때 아이의 수학 교육을 방치했다가 내가 판단했을 때 좀 어려워 보이는 부분부터 시작하려 하니 아이에게도 수학 공부가 힘들고, 내가 가르치기도 만만치 않은 것이다.

유아기에 필요한 수 개념 쌓기 2

유아 학습의 기본은 놀이학습이다. 한 가지 개념을 여러 가지 방법으로 놀이 속에 녹여 무한 반복해야 한다. 제일 처음 '한 개는 1'이라는 약속도 그렇게 가르칠 수 있다.

사과 하나, 한 개는 1

코끼리 하나, 한 개는 1

인형이 하나, 한 개는 1

'아~ 어떤 사물이라도 한 개는 1이구나' 하고 득도하는 것처럼 깨달음이 있을 때까지 무한 반복해 주어야 한다. 절대 엄마가 먼저 지치지 말고 아이가 수의 메커니즘을 완전히 느낄 때까지 하나, 하나는 1, / 하나 둘 , 둘이면 2 / 하나 둘 셋, 셋이면 3 하는 식으로, 매사에 주변에 보이는 모든 것을 같이 짝지어 보면서 놀면 된다. 그것을 어떻게 느끼게 하는가가 수학의 첫 단추를 꿰는 작업이다.

처음부터 책을 펴는 건 권하지 않는다. 공부가 공부 같지 않게, 놀이로부터 시작하여야 한다. 참 쉬운 방법이긴 하나 조금은 귀찮고 많은 인내의 시간을 필요로 한다. 하지만 이 작업은 생각하는 것 보다 훨씬 중요한 작업이다.

이렇게 간단해 보이는 유아 수학까지 대신 가르쳐 주는 사교육도 많다. 하지만 아이를 키우는 건 의외로 단순한 게 좋을 때가 많다. 그리고 앞서 언급했지만, 교육에 돈을 쓰는 데는 신중해야 한다. 가르치는 입장에서나, 부모 입장에서나 빠른 결과를 보려는 함정에 빠지기 쉽기 때문이다.

부모는 내 생각만큼 결과가 나오지 않으면 실망하게 되고 아이가 부모의 그 마음을 눈치로 알아채면 자신에 대해 부정적이 될 가능성이 높아진다.

어린아이를 기를 때는 더욱 돈보다 사랑과 시간과 정성을 투자해야 한다. 그러면 성공 확률이 훨씬 높아진다. 아이와 질 높은 시간을 많이 보낼수록 아이를 잘 알고 더 잘 이끌 수 있기 때문이다. 유아 수학은 인내심만 있다면 가르칠 수 있기에 더욱 좋은 기회다.

교육과정에서 수학은 〈수와 연산〉, 〈도형〉, 〈측정〉, 〈자료와 가능성〉, 〈규칙성〉까지 다섯 가지 영역으로 나누어져 있다. 수와 연산 영역에서는 수를 정의하고 그 수를 표현하는 방법을 배우게 된다. 그다음 수를 계산하는 방법과 계산 원리를 배운다.

유아 때는 수와 연산 영역 중에 수의 개념과 두 자릿수의 표현 방법까지를 익히면 좋다. 수 개념 형성에는 어느 정도의 시간과 연습이 필요하므로 유아 때도 지속적인 자극이 필요하다. 단지 너무 큰 수의 학습이나 기계적인 연산 연습은 피하는 것이 좋다. 이 정도가 아이의 학습 흥미를 떨어뜨리지 않고 재미있게 배울 수 있는 수학의 기초다.

1 대 1 짝짓기 놀이와 수의 기초

처음 수를 익힐 때는 수를 활자로 외우는 것보다 1 대 1 짝짓기 연습이 우선적으로 행해져야 한다. 1 대 1 짝짓기를 하여 서로 대응하는 것끼리는 같은 수가 된다는 것을 이해하고 난 다음부터 수를 외우게 만드는 연습을 하는 것이 좋다.

스위스의 철학자이자 발달심리학자인 피아제는 아이가 수가 보존된다(어떤 수이든 내용은 언제나 변화가 없고 일정하다)는 의미를 바르게 이해했을 때 수를 인식했다고 보았다. 흰색과 검정색 바둑돌을 촘촘하게 늘어놓든 길게 늘어놓든 1 대 1 짝짓기가 되면 '그 수는 같다'는 것을 이해할 때 비로소 수의 개념을 터득하게 된다고 보았다.

피아제가 말하는 수의 보존은 3단계의 과정을 거친다.

1단계: 흰 바둑돌과 검은 바둑돌의 양쪽 끝의 길이가 같아지면 수와 상관없이 같다고 생각한다.

2단계: 흰 바둑돌 밑에 검은 바둑돌을 하나씩 짝지어 놓을 수 있다. (1 대 1 대응) 하지만 바둑돌의 간격을 넓히거나 좁히면 같은 수라는 생각이 깨어져 버린다.

3단계: 간격을 넓게 놓거나 촘촘하게 놓아도 보태거나 덜어 내지 않았기 때문에 바둑알의 수는 똑같다는 것을 인식한다.

피아제의 수의 보존의 성질을 가르쳐야 하는 중요한 이유는 '길어지기는 하였지만 간격도 넓어졌기 때문에 여전히 바둑돌의 수는 같다'는 생각을 할 수 있게 되고 그런 생각을 하는 것이 아이로 하여금 일관성 있게 이치를 따질 수 있게 만들기 때문이다. 이것이 논리적 사고의 시작이다.

바둑돌로 짝짓기 놀이를 하며 놀아야 하는 이유가 여기에 있다. 놀이삼아 하루에 몇 번이라도 아이와 바둑돌 혹은 둥근 자석을 가

지고 1 대 1 짝짓기 놀이를 하며 놀아야 한다. 자석놀이는 화이트
보드판에 해도 좋고 없으면 냉장고에 붙이며 놀아도 된다.

　1 대 1 짝짓기 놀이란 다른 색의 바둑돌을 한 움큼씩 쥐고 하나
씩 맞춰 보는 놀이다. 꼭 맞으면 같은 수이고, 아니라면 남은 쪽이
더 큰 수임을 아이가 제 손으로 만지며 느낌으로 받아들일 수 있게
해야 한다. 그것이 되면 본격적으로 수를 익히게 만들고 가르기, 모
으기를 하며 놀아도 된다.

　1학년이 되면 가르기와 모으기를 배우는데 그 전에 바둑돌이나
자석을 가지고 충분히 놀아 본 아이는 가르기와 모으기를 설명할
필요가 없다. 기호화 하지는 않았지만 구체물 혹은 반구체물(타일

모형, 둥근 자석 등)을 가지고 충분히 놀아 본 아이는 기호화 된 수도 쉽게 받아들일 수 있다. 놀이를 통해 선수 학습을 한 셈이다.

이 나이 때 아이는 선행 학습은 피하는 게 좋지만 선수 학습은 필수적이다. 이후에 선수 학습이 되어 있지 않은 아이에게 수학을 가르치려면 쉽게 이해하지 못해 계속 설명해야 한다. 반복하다 보면 그때는 어떻게 이해하는 것 같아도 사실 아이는 그 단계의 학습을 받아들일 준비가 되어 있지 않은 것이다.

아직은 둥근 자석 열 개를 갖고 놀기만 해도 필요한 선수 학습을 충분히 할 수 있으니 얼마나 좋은가.

수 개념 익히기에는 바둑돌이나 자석 등 이런 구체물 놀이만 한 게 없다.

일상생활에서 하는 수 개념 놀이

바둑돌 말고도 수 개념을 익혀 나갈 수 있는 쉬운 놀이를 몇 개를 소개해 본다.

그런데 이런 놀이를 하기에 앞서 엄마가 염두에 두어야 할 것이 두 가지 있다.

가르치려 하지 않는다.

가르치는 건 가르치는 입장에서도 힘들고 배우는 입장에서도 힘이 든다. 쉬운 것으로 느끼게 해 주어야 한다. 엄마가 엄마의 할 일을 하며 왔다갔다 하다가 한번씩 툭툭 끊임없이 질문해 주어야 부담이 없다.

정확하게 아는 것이 더 중요하다.

5~6세에는 숫자 10을 또래의 다른 아이보다 정확하게 알고 있는 아이가 손가락, 발가락을 써 가며 5+6=11이라고 대답하는 아이보다 더 실력이 있는 아이다.

어릴 때 진도가 빨리 나가는 것은 아이의 지적인 성장에 아무런 의미가 없다. 천천히 하나씩 아이에게 느낌이 올 때까지 여러 가지 방법으로 인지시켜야 한다.

아이가 가지고 있는 배경 지식을 바탕으로 어느 날 그 개념에 대한 느낌이 오면 그 순간마다 아이의 사고는 크게 성장한다.

도장 찍기

시중에 다양한 모양의 도장이 나와 있다. 공책이나 A4용지, 달력 뒷면, 스케치북 이면지 등 아무 종이에나 수를 쓴다. 항상 처음에는 1~5 정도만 쓴다. 그 옆에 수만큼 도장을 찍게 한다. 스탬프 인주도 괜찮고 물감도 좋다. 감자나 당근, 무를 (네모 모양, 세모 모양, 동그라미 모양, 꽃 모양) 깎아 찍어도 좋다. 이건 네모, 세모, 동그라미라고 슬쩍 슬쩍 말해도 좋고. 이건 무슨 모양 같냐고 물어보아도 좋다. 주변이 좀 지저분해질 때도 있겠지만 그만한 희생쯤은 감수해야 한다.

처음에는 엄마의 의도대로 놀지 않을 수도 있다. 그렇다고 해서 강요하진 말고 자연스럽게 익숙해지게 하면 좋다.

스티커 붙이기 & 그리기

같은 방법으로 수 옆에 스티커를 붙이게 해 보자. 동그라미, 세모, 네모 모양 스티커도 있다. 지금의 교육과정에서는 먼저 도형의 이름을 스스로 지어 보게 하고 그 다음에 동그라미, 세모, 네모를 가르치고 마지막으로 원, 삼각형, 사각형이라는 용어가 나온다.

좀 더 손힘이 좋아지면 수만큼 동그라미나 별 모양 같은 것을 직접 그려도 좋다.

계단 오르며 수 세기

계단을 오르내릴 땐 항상 수를 세면 좋다.

처음엔 10까지 세고, 아이가 익숙해지면 30까지 세자. 아이가 엄마처럼 유창하게 30까지 셀 수 있게 되기 전까진 구태여 많은 수를 가르칠 필요는 없다.

일단 수의 규칙성을 이해하고 나면 큰 수는 저절로 이해된다. 수의 규칙성을 설명하진 않아도 된다. 30까지의 수를 무한 반복하다 보면 어느 날 아이가 자연스럽게 느끼게 된다. 느끼게 만들어 주어야지 말로 풀어 이해시켜서는 한계가 있는 나이이기 때문이다.

입학 전에 익히는 수 개념

아이와 놀아 주는 방법은 무수하다. 어떤 방법으로 놀아 주든 간에 몇 가지 목표를 의식하고 있다면 아이는 놀면서 입학 전에 정확한 수 개념을 익힐 수 있다.

10의 가르기와 모으기

7세에는 매일 꾸준히 10을 가르고 모아 10에 대해서라면 어떤 식으로 질문해도 완벽하게 가르고 모을 수 있게 하는 것이 좋다. 다른 수의 보수는 익힐 필요가 없지만 10의 보수는 익히면 편리하다. 머릿속에 구체물 열 개의 양적인 크기가 떠오르게 해야 한다. 어른들도 1억을 말하기는 쉽지만 1억 개는 잘 상상되지 않는 것처럼 아이들 역시 10을 말하지만 크기에 대한 느낌이 없는 경우가 많다.

시중에 많이 나와 있는 도트 모형이나 타일 모형으로 연습하면 좋다.

수 세기 연습

1, 2, 3, 4, 5 ⋯ 10, 20, 30 ⋯ 으로 세는 수가 익숙해지면 하나, 둘, 셋, ⋯ 열, 스물, 서른, 마흔, 쉰, 예순, 일흔, 여든, 아흔을 연습해야 한다. 처음엔 10까지, 익숙해지면 30까지, 그다음엔 50, 그다음에 100까지로 확장해 나가야 한다.

학교에서는 1학년 1학기에 50까지의 수를 배우고 1학년 2학기에 100까지의 수를 배우지만 수 개념이 형성되는 데는 1년 이상의 시간이 필요하기 때문에 입학 전에도 꾸준히 연습하면 좋다. 큰 수를 많이 안다고 꼭 좋은 것은 아니다. 작은 수를 알더라도 정확하게 아는 것이 중요하다.

10까지 수를 알더라도 어른이 아는 10의 느낌과 아이가 아는 10의 느낌이 똑같은 정도라야 10까지 수를 안다고 말할 수 있다.

묶음과 낱개의 의미

10까지의 수를 정확하게 알게 되면 두 가지의 방식으로 10보다 큰 수를 연습시켜야 한다.

먼저 순서의 의미로 11, 12, 13, …을 세면서 연습을 시킨다.

그리고 그다음에는 10보다 큰 수를 묶음과 낱개로 이해시키기
시작한다.

11은 [10] + [1] ➡ 10개씩 묶음 하나, 낱개 하나

12는 [10] + [1], [1] ➡ 10개씩 묶음 하나, 낱개 둘

   ⋮

21은 [10], [10] + [1] ➡ 10개씩 묶음 둘, 낱개 하나

22은 [10], [10] + [1], [1] ➡ 10개씩 묶음 둘, 낱개 둘

   ⋮

같은 숫자라도 위치에 따라 그 크기가 다름을 타일 모형이나 다
른 구체물을 가지고 시각적으로 이해시키면 좋다. 어른은 당연히
알고 있는 것이지만 아이가 이해하려면 무척 긴 시간 동안의 노력
과 연습이 필요하다.

특히 어릴 때는 어떤 경우라도 너무 어려운 것은 시키지 말아야
한다. 아이가 자연스레 납득할 수 있게 만들어야 한다. 득도는 스님
만 하는 것이 아니다. 학습에서도 최초의 경험들이 깨달음이어야지
주입이 되어서는 안 된다. 순간순간 쉬운 것을 가르쳐 주어야 한다.

쉬운 개념을 다양한 방법으로, 완벽하게 가르치는 것이 유아 수학 교육의 목표다. 이때 응용은 개념을 완벽하게 다졌을 때 아이가 스스로 이끌어 내는 것이지 가르치려고 욕심내면 안 된다.

유아 수학, 이것만은 꼭 기억하자
●

놀면서 배우는 유아학습

아들은 돌 무렵부터 집안을 탐험하기 시작했다. 화장대는 일찌감치 정복했고 신발장 앞에서 하루 종일 놀기도 했으며, 싱크대에 있는 숟가락 젓가락을 늘어놓으며 놀기도 했다. 분류와 규칙 만들기는 그것만한 게 없었던 것 같다.

아이에게 훌륭한 완벽한 환경을 만들어 주어야 한다는 강박관념은 가지지 않았으면 한다. 아이에게는 주변 모든 것이 학습 도구이다. 어른들이 보는 시선과 다르다. 어른들은 명품 가방이 더 좋지만 아이에겐 가방은 다 가방일 뿐이다. 무엇을 가지고 놀든 그 순간이 즐거우면 되지 비싼 교구를 가지고 논다고 더 행복한 것도 더 많이 배우는 것도 아니다.

아이는 부모와 시각이 다르다. 나도 그걸 몰랐다. 시야를 넓혀 주려고 떠난 여행길에 엄마만 애가 탔다. 이것도 보고 저것도 보면 좋으련만 아이들은 졸거나 먹는 것에 더 관심이 있었다.

큰맘 먹고 멀리 떠난 바닷가에서 놀이터 모래 장난하듯 모래만 만지며 놀기도 하고 경주 박물관 앞 잔디밭에서 박물관은 멀리하고 개미만 쳐다보고 오기도 했다. 관람 온 아이들이 박물관 진열장 틈새에 떨어뜨린 연필을 발견하고 마치 금맥이라도 발견한 듯 기뻐하며 그 연필만 한 주먹 주워 온 적도 있다.

나무막대 하나로 하루를 놀기도 하고 종이 오리기로 며칠을 놀기도 한다. 스티커 붙이기는 오랫동안 재미있어 하였고 밀가루 반죽에 물감을 섞어 가지고 놀기도 하였다. 페트병에 갖가지 곡물이나 모래, 물 등을 넣어 흔들며 놀기도 했다. 이렇게 생활 속에 있는 모든 것이 아이의 장난감이 될 수 있다.

그러니 엄마 생각에 좋은 것을 주려고 무리할 필요도, 주지 못해서 미안해 할 필요도 없다. 아이를 데리고 다닐 수 있는 환경이라면 데리고 다니면 되지만 그렇지 못한 환경이라면 같이 놀이터에 나가고 동네 공원이나 학교 운동장을 거닐며 놀아도 학습적인 상관관계는 비슷하다.

어디서 무엇을 하든 아이 생각대로 만져 보고 관찰하고 느끼는 기회만 제공하면 된다.

너무 철저한 프로그램을 준비할 필요도 없다. 아이는 심심해야 한다. 그래야 생각을 하게 된다. 뭘 하고 놀지를, 뭘 하고 놀면 재미있을까를.

엄마가 놀이 기회를 만들어 주기보다 아이가 뭔가를 스스로 결정하게 만드는 것이 좋다.

매일매일을 잘 지내면 아이는 몸과 마음이 쑥쑥 성장한다. 너무 조급해 하지도 불안해 하지도 말고 잘 먹이고 재우며 하루하루 아이와 소통하며 지내면 아이도 엄마도 행복하리라.

아들은 벌써 다 커 버렸지만 나는 아직도 더운 여름 삼각팬티만 입은 채 새로 산 삑삑이 슬리퍼를 자전거에 신고 맨발로 세발자전거를 타던 아들을 기억하며 그 사랑스럽던 모습에 행복해 한다.

아이에게 꼭 맞게 설명하기

내가 알고 있는 것을 아이에게 전달하기가 힘들 때가 있다. 내가 아는 이 개념이 어느 시점에 완성된 것인지 모르기 때문이다.

같은 개념이라도 나이에 따라 설명 방법이 달라야 한다. 아이의 발달과정에 맞지 않는 설명은 안 하느니만 못할 수 있다. 처음 아이에게 수 개념을 가르칠 때 어떻게 접근하느냐가 평생 수학을 쉽고 재미있게 받아들이느냐 두렵고 낯설게 만드느냐를 가른다.

이럴 때 부모가 어느 정도 알고 있는 것이 중요하다. 교육과정이 바뀌어도 수학의 기본은 변하지 않는다. 강조해야 할 것과 그냥 넘어가도 될 것은 정해져 있다. 이것을 구분할 정도만 알고 있으면 큰 차이로 나타날 수 있다.

알고 있다는 것은 부모에게 자신감을 주고, 그런 부모는 아이에게 적절한 교육을 선택할 수 있다. 취학 전에는 아이에게 정확한 수 개념이 자리 잡게 하고 구체물을 가지고 놀며 10까지의 수 가르기와 모으기를 하게 하면 된다. 하지만 스스로 확신이 없으면 이런저런 시도를 하게 된다.

시중 서점에는 초등학교 입학 수학을 준비하는 문제집들이 많다. 그런데 그 많은 문제집들이 모두 1학년 과정을 한 권에 정리하고 있다. 그런 책들은 학습이 아니라 노동이다. 한 권을 풀어도 아이들의 지적 성장에는 아무런 도움이 되지 못한다.

하지만 자신감이 없는 부모는 이런 책 또한 그냥 넘길 수 없다. '그래도 안 푸는 것보다 낫지 않을까?' 하고 생각하게 되기 때문이다. 안 푸는 것보다 못하다. 풀지 않았더라면 수학에 대한 부정적인 생각 없이 시작할 수 있지만 어렵게 푼 아이는 그것이 무슨 소리인지도 모르고 수학은 지겹고 알 수 없는 세계라는 공포만 심어 줄 뿐이다.

나이별 10이 넘는 수를 지도하는 방법의 차이 ─────────

똑같은 숫자 15도 연령별 접근법이 다르다.

6 ~ 7세
하나씩 짚으며 세도록 연습한다.
1, 2, …, 14, 15 혹은 하나, 둘, …, 열넷, 열다섯 따라서 숫자 15

1학년
10개씩 묶어서 10개짜리 묶음 몇 개, 낱개 몇 개로 연습한다.
10개 묶음과 낱개의 개념이 정확해야 한다.
10개씩 묶음 1개, 낱개 5개, 따라서 15

2학년
다양한 묶음의 개념으로 세도록 한다.
5개씩 3묶음, 또는 3개씩 5묶음으로 셀 수 있도록 연습한다.
$5 + 5 + 5 = 5 \times 3 = 15$
$3 + 3 + 3 + 3 + 3 = 3 \times 5 = 15$

─────────────────────────────────

아이의 수학 발달과정과 그때마다의 접근법을 간단히 알아 두자. 수를 헤아리는 것과 같이 간단한 개념도 단계에 따라 다르게 접근한다. 옆에서 볼 수 있듯, 똑같이 답은 낼 수 있어도 아이들의 수학적 사고 과정은 학습 단계에 따라 달라진다.

호기심을 자극하는 질문법

아이와 놀거나 대화할 때 맞다, 아니다 혹은 단답형의 대답이 나오는 질문보다는 생각을 이끌어 낼 수 있는 질문이 아이의 사고력과 창의력을 자극하는 데 더 유익하다.

처음 색깔을 배울 때는 "사과는 빨간색, 바나나는 노란색이지? 이건 무슨 색이야?" 하면서 질문해야 하지만 어느 정도 색깔을 익히고 나면 "빨간색인 것에는 어떤 것들이 있을까? 노란색인 것 다섯 개만 찾아보자." 이렇게 확산적인 질문을 해야 한다.

수박은 둥근 모양, 상자는 네모 모양 이렇게도 지도해야 하지만 이런 질문들도 해야 한다. 둥근 모양인 것들을 한 번 말해 볼까? 둥글고 먹을 수 있는 것은 뭐가 있을까? 둥글고 재미있게 놀 수 있는 것은 무엇일까? 동그라미 모양이 들어 있는 물건에는 어떤 것이 있을까? 우리 집에서 네모 모양인 걸 한번 찾아보자. 이런 확산적인 질문들은 사고를 확장시켜 준다. 질문은 그 자체로 놀이가 되기도 한다.

다섯 개의 네모를 이어 붙여 만들 수 있는 모양에는 어떤 것들이 있을까? 질문하고 네모 모형을 이어 붙여 혹은 종이에 그려 보아도 재밌다. 펜토미노가 이 질문에서 시작되는 게임이다.

1에서 9까지의 숫자를 그려 놓고 모양 꾸미기, 동그라미 모양 열 개를 그려 놓고 모양 꾸미기 등의 활동도 창의력 계발과 사고 확장에 좋은 놀이이다.

어떻게 생각해? 수진이라면 어떻게 했을 것 같아?

그다음에는 어떻게 될 것 같아? 그래서?

아이의 호기심을 자극하여 스스로 생각하게끔 생각의 길을 만드는 질문이 좋은 질문이다. 천천히 시간을 가지고 아이가 충분히 생각하고 표현하도록 질문해야 한다.

엄마 혼자 계속 이야기하는 것은 아이의 창의력 개발에는 별 도움이 되지 않는다. 아이의 대답을 기다려 주자.

즐겁고 재미있게 반복하기

처음이 제일 중요하다.

아이는 하얀 백지 상태로 우리에게 온다. 어떻게 선을 긋고 색칠

하느냐에 따라 명화가 될 수도 있고 구겨서 버리고 싶은 상태가 되기도 한다.

육아는 쉽지 않은 과정이다. 몸도 힘들고 마음도 힘이 든다. 하지만 잘 키우면 이보다 보람된 일 또한 없다. 그러기 위해서는 일정 부분 나의 희생도 필요하다. 하지만 즐겁고 행복한 희생이다.

아이가 실시간으로 보답해 주니까.

모든 것이 다 그러하듯 학습 습관 잡기도 어릴수록 좋다. 아이가 어릴 때 엄마가 육체적, 정신적으로 많이 힘든 건 알지만 그때 끊임없이 이야기를 나누며 아이의 발달에 신경 쓰면 그 이후로도 훨씬 순조롭다.

한번은 출근길에 정말 사랑스러운 모녀의 대화를 우연히 들었다. 벨을 누르고 한 코스를 오는데 엄마와 아기가 두런두런 속삭이고 있었다.

"저기 문이 열리면 내릴 거야. 아직 문이 안 열렸지?…

이건 창문이야. 저건 문, …

문이 열려야 내릴 수 있어. 차가 멈추면 문이 열릴 거야."

버스에서 내리려고 입구에 서 있다가 저렇게 예쁘게 이야기하는 엄마는 누구일까 슬쩍 돌아보았다.

엄마는 몇 번이고 아이에게 설명해 주고 있었다.

수학도 그렇게 시작하면 된다.

사과가 한 개 있네. 하나는 1. 코끼리 한 마리가 있네. 하나면 1.

토끼가 한 마리. 하나면 1. 꽃이 한 송이. 하나면 1.

크든 작든 동물이든 식물이든 하나면 1.

인지하기까지 수없이 많은 반복이 필요하다. 수학은 반복으로 인지해야 되는 부분과 이해해야 하는 부분이 있다. 처음 수 개념 익히기와 수 세기는 반복이 필요하다. 하나를 인지하는 데 천 번 정도, 어쩌면 그 이상의 반복이 필요할 수도 있다.

처음에 그렇게 못했다면 지금이 언제든 지금부터 그렇게 하면 된다.

그 과정을 건너뛰고 갈 수는 없다.

수 개념 잡는 놀이

이런저런 놀이학습을 짚어 보기 전에 다시 한 번 명심해야 할 것이 있다. 놀이학습은 먼저 '놀이'여야 한다. 그냥 놀아도 아이는 배운다. 어른이 생각하는 '학습'의 틀에 맞추려고 하지 말고, 아이가 즐겁게 시간을 보내게 하자. 엄마도 너무 부담 갖지 않는 게 좋다.

거듭 강조하는 이유는 그만큼 저지르기 쉬운 오류이기 때문이다. 그런 차원에서도 비싼 교구를 구입하려 하지 않는 게 좋다.

엄마가 의도를 갖고 있고 애써 교구를 만들고 시간을 내도 아이는 관심이 없을 수도 있고 전혀 다른 방향으로 놀 수도 있다. 그래도 괜찮다. 엄마의 방식대로 강하게 유도하면 아이는 더욱 빠르게 질린다.

유아들과의 놀이학습은 아이가 그만두고 싶어 하기 전에 그만두어야 한다. 짧게, 여러 번, 지속적으로 반복해야 한다. 아이들은 흥미의 중심 이동이 빠르다. 억지로 시키면 몰두할 수 없고, 오히려 중요한 집중력을 기르지 못할 수도 있다.

아이마다 다르다는 것도 기억하자. 어떤 아이는 공간지각력을 길러 주는 놀이는 즐거워 해도 소근육 운동능력이 필요한 놀이에는 서투르고 좋아하지 않을 수도 있다.

잘 맞는 놀이를 신나게 하면 그만이다. 아이를 자세히 관찰하고, 성장 방향에 대한 생각이나 의도는 갖고 있어도 우선 즐겁게 놀 수 있도록 하는 것이 우선이다. 엄마의 의도와 달라지는 것 같아도 아이는 그 순간에도 배우고 성장하고 있다.

퍼즐

퍼즐은 여러 가지 장점이 있다. 인내심과 집중력이 길러지고 사물을 분석하고 종합해서 보는 능력이 길러진다.

처음에 돌 무렵에 한 조각 퍼즐을 만들었다. A4 용지에 좋아하는 동물, 과일 등을 그려 예쁘게 색칠한다. 주스 박스(두꺼운 종이) 위에 그린 그림을 붙여 두께감을 주고 테이프를 붙여 깨끗이 마무리를 한다. 한동안 사물 인지를 하며 놀게 하다가 사물 인지가 정확하게 되면 $\frac{1}{4}$ 만큼 잘라 맞추며 놀게 한다.

처음에는 한 가지 사물만 맞추게 한다. 좀 익숙해지면 두 개, 세 개로 늘려 가면서 놀게 하면 된다. 어느 순간 아이가 한 조각 퍼즐을 열 개 쏟아 놓아도 순식간에 해결하게 된다. 퍼즐을 하는 동안 아이의 뇌는 활발히 움직인다. 집중력은 자연스럽게 따라온다.

블록 놀이

실천해 보니 꽤 효과적이었던 놀이 중 하나가 블록쌓기였다. 블록으로는 그냥 만들기도 할 수 있지만 블록으로 규칙을 갖고 만들기를 시도해 보면 재미있다.

블록으로 빨강, 파랑, 노랑 색깔별로 쌓아도 보고, 한 개, 두 개, 세 개씩 쌓아 보며 수적인 규칙도 만들고 가로로 두 개, 세로 두 개씩 쌓아 보는 등 여러 가지 규칙을 만들면서 놀면 좋다. 이런 규칙성 찾기의 개념들이 나중에 함수와 연결된다. 놀이 중에 시도해 보는 것은 아주 소중한 경험이 된다.

여유롭게 놀다 보면 엄마보다 더 뛰어난 아이의 모습을 보게 된다.

분류 놀이

분류는 놀면서 배우기 좋고 나중에도 중요한 개념이다. 블록으로 노는 방법 중 하나가 분류하기 놀이이다. 블록으로 만들기를 시작하기 전에 다양한 기준으로 분류부터 하는 것이다. 블록을 다 쏟아부어 오늘은 색깔별로, 내일은 크기별로 분류하여 만들어 보는 것도 자연스럽게 분류를 접하는 방법이다.

분류는 생활 속에서도 자연스럽게 익힐 수 있다. 큰 마트를 가면 의도적으로 분류를 생각하게 할 수 있다. "여긴 과자만 모여 있네" "여기는 생선이 모여 있고, 여기는 채소, 여기는 무엇이 모여 있을까?" 이런 방법으로 대화 중에 분류가 무엇이고 그렇게 진열되어 있으면 무엇이 좋은지에 대해 자연스럽게 이야기하면 좋다.

간단한 놀이로 도형과 분류의 개념을 같이 배울 수도 있다. 동그라미, 세모, 네모의 도형을 색깔별, 크기별로 여러 개 만들어 두고 같은 모양끼리, 같은 색깔끼리, 같은 크기끼리 분류하며 노는 것도 좋다.

예쁘게 만드는 데 시간을 투자하지 말고 그냥 두꺼운 종이를 사용하면 된다. 아이가 일상적으로 보는 것 중에서 다양한 것들을 가지고 놀도록 하면 아이에게 제일 좋은 자극이 된다. 아이들에게는 예쁘고 비싼 장난감이 아니라 그 순간 집중할 수 있는 여러 가지 놀거리를 다양하게 제공하는 것이 더 좋다.

칠교 놀이 & 펜토미노

칠교 놀이는 두 개의 사각형, 다섯 개의 삼각형 도형을 이용해 수많은 모양을 만들어 내는 놀이이다. 도형 모양은 만들어서 사용해도 되고 만 원 정도면 구입할 수 있다. 직접 만들기도 쉽다. 인터넷으로 검색해 보면 따라 만들 수 있는 기본 도안이 많이 올라와 있다. 그걸 인쇄해서 코팅하여 가지고 놀면 아주 좋은 교구가 된다. 칠교판을 이용하여 여러 가지 모양을 자유롭게 꾸미거나 주어진 모양을 채우는 활동을 통해 아이의 집중력을 높여 줄 수 있고 평면도형을 분해·합성하는 감각을 기르는데도 도움이 된다. 칠교판을 이용한 도형 만들기는 2학년

|칠교 기본 도안|

|칠교로 만든 물고기|

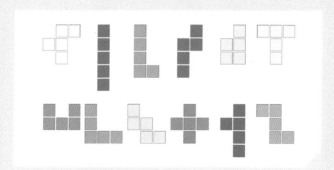

| 펜토미노에서 사용되는 도형 열두 가지 |

1학기 〈여러 가지 도형〉에서도 언급된다.

펜토미노 게임은 다섯 개의 정사각형을 이어 만든 열두 개의 도형을 붙여 다양한 모양을 만들 수 있는 놀이이다. 아이와 같이 다섯 개의 정사각형으로 만들 수 있는 도형을 그려 보고 만들어 보는 것부터 놀이인 동시에 교육이 된다.

개인적으론 장난감도 소박한 게 좋다. 종이로 뚝딱 만들어 사용할 수 있는 칠교 놀이나 펜토미노도 나무랄 것 없는 장난감이다. 5세에서 초등학교 1, 2학년 아이들까지 집중적으로 권하고 싶다. 처음엔 잘 되지 않지만 자꾸 하다 보면 실력이 쑥쑥 쌓인다. 미로 찾기, 숨은 그림 찾기 등도 좋은 놀이이다.

가베, 프뢰벨, 소마큐브, 카프라 등 유명한 고가의 장난감을 구입하고 선생님이 오셔서 잠깐 수업한 후 한 조각을 잃어버리면 다음 수업은 못한다고 장식장 안에 모셔 놓은 집이 한두 집이 아닐 것이다.

장난감은 부담 없이 가지고 놀 수 있는 것이 제일 좋다.

색종이 접기

색종이 접기는 재미있고, 성취감도 길러 주며 소근육을 발달시켜 준다. 정서적 안정감을 기르는 데도 도움이 된다. 또한 손과 눈의 협응 능력을 통해 놀면서 지능이 계발되는 놀이 중 하나이다. 동서남북, 배, 상자, 비행기, 딱지, 표창, 개구리, 하트, 공… 온갖 표현이 가능하다.

색종이 접기를 해 보고 싶다면, 그룹을 만들고 선생님을 초대해 색종이 접기 공부를 시키려 하지 말고 색종이 접기 책을 한 권 구입해서 아이가 만들고 싶은 것을 골라 혼자 고민하면서 접으며 놀기를 권하고 싶다. 아이가 스스로 생각하고 배우는 좋은 기회가 될 수 있다. 책으로 따라할 수 없으면 인터넷에서 동영상을 찾아보자.

숫자 노래

하나에서 열까지의 숫자를 처음 익히는 방법 중에 하나가 노래로 익히는 것이다. 다른 방법보다 훨씬 잘 기억된다.

〈열 꼬마 인디언〉

1절

한 꼬마 두 꼬마 세 꼬마 인디언

네 꼬마 다섯 꼬마 여섯 꼬마 인디언

일곱 꼬마 여덟 꼬마 아홉 꼬마 인디언

열 꼬마 인디언 보이

2절

열 꼬마 아홉 꼬마 여덟 꼬마 인디언

일곱 꼬마 여섯 꼬마 다섯 꼬마 인디언

네 꼬마 세 꼬마 두 꼬마 인디언

한 꼬마 인디언 보이

〈잘잘잘〉

하나 하면 할머니가 지팡이를 짚는다고 잘잘잘

둘 하면 두부 장수 두부를 판다고 잘잘잘

셋 하면 새색시가 거울을 본다고 잘잘잘

넷 하면 냇가에서 빨래를 한다고 잘잘잘

다섯 하면 다람쥐가 알밤을 깐다고 잘잘잘

여섯 하면 여학생이 공부를 한다고 잘잘잘

일곱 하면 일꾼들이 나무를 벤다고 잘잘잘

여덟 하면 엿장수가 깨엿을 판다고 잘잘잘

아홉 하면 아버지가 신문을 본다고 잘잘잘

열 하면 열무 장수 열무를 판다고 잘잘잘

4장

초등 학년별
수학공부법

초등학교 하루 2장,
쉬운 책으로 시작하자

●

초등학교 문제는 쉬워야 한다. 그런데 대부분의 문제집은 난이도 조절이 되어 있지 않다. 쉬운 문제부터 어려운 문제까지 한 권에 담겨 있다. 문제집 문제가 버거우면 교과서를 반복해서 풀면 좋다. 거기서 조금 더 업그레이드시키고 싶다면 난이도 높은 문제집을 선택하기보다는 역할을 바꾸어 아이가 선생님이 되어 엄마에게 설명하게 하면 좋다. 혼자서는 풀 수 있던 문제도 설명하다 보면 당연히 안다고 생각했던 부분에서 막힐 때도 있다.

문제를 풀 수 있는 것과 아는 것은 큰 차이가 있다.

대부분의 아이들은 들은 적이 있으면 그냥 안다고 생각한다. 하지만 그것은 완전하게 아는 것이 아니며, 타인을 가르치면서 아이가 완전학습이 될 수 있다. 타인에게 막히지 않고 설명할 수 있을 때 개념이 완성되었다고 보면 된다.

어려운 문제를 풀어야 수학적 사고력이 향상된다는 말도 있지만 그것은 논리력, 이해력이 커지는 고등학교 정도에 해당되는 사항이고 초등학교 때는 기초적인 문제를 풀면서 개념을 정확하게 인지

하고 충분히 연습하여 내 것으로 만드는 것만으로도 충분하다.

객관적인 잣대로 볼 때 우리 집 아이들은 감각이 둔하지는 않았다. 매일 수학 공부를 열심히 했고 수학에 자신 있어 했다. 특히 딸아이는 어릴 때부터 그 시절 성행했던 수학경시 대회에서도 좋은 성적을 거두어 오곤 했다.

내 마음에도 자만이 스멀스멀 차오르던 시기였다.

딸아이 6학년 때 야심차게 "○○○ 수학 경시 대회 문제"를 한 권 구입했다. 우리 딸 실력이라면 막힘없이 풀 수 있으리라 확신하며.

웬걸. 해결할 수 있는 문제보다 해결할 수 없는 문제가 훨씬 더 많았다. 유명 출판사의 문제집임에도 불구하고 내가 풀어 보아도 논리적인 설득력이 없었다. 그냥 어렵게 꼬아 놓은 문제만이 가득 차 있었다. 그 이후로 중학교를 마칠 때까지 좀 더 평이한 문제집만을 풀렸다. 쉬운 문제집을 풀면서도 과학고등학교를 갔고 그곳에서도 수학 때문에 고민한 적은 없었다.

문제집의 심화문제를 풀 수 있느냐의 여부로 아이의 실력을 측정해서는 안 된다. 특히 초등학교 문제집 중에서 엄마가 답지를 봐도 이해 못하는 문제는 아이 스스로 풀면 다행이고 아이가 못 풀면 넘어가도 상관없다.

문제에 대한 설명은 힌트를 주는 것까지만 해야 한다. 구구절절 설명해야 한다면 아이는 다음 날 똑같은 문제를 주어도 해결하지 못한다. 생각하는 수준이 거기까지 도달하지 않았기 때문이다. 해결하지 못한 유형의 문제를 계속 풀릴 것이 아니라 그 문제를 해결하기 위해서는 어떤 기초를 더 닦아야 할지를 고민해야 한다.

구입한 문제집을 의무감으로 알뜰하게 다 풀 필요는 없다.

기초 부분의 문제는 모두 풀고 심화 부분의 문제 중에 고민하였으나 해결되지 않는 문제는 다음 학년이 되어 풀어도 상관없다. 70~80퍼센트를 큰 설명 없이 해결할 수 있는 문제집이면 무난하다.

공부를 시킬 때도 아이의 눈높이에서 생각해야 한다.

내가 덧셈, 뺄셈이 쉽다고 이 쉬운 것을 왜 못하냐고 아이를 윽박질러서는 안 된다. 나는 도달한 세계지만 아직 채 정복하지 못한 아이에게는 그 문제는 미지의 세계에 속한 일이다.

항상 아이에게 문제를 풀릴 땐 내가 처음 미적분 문제를 접했을 때의 느낌과 똑같다고 생각하고 지도해야 한다.

아이가 받아들이는 난이도는 그러하다.

예습과 복습,
교과서 중심

●

내 기억력의 한계는 3초인 것 같다. 성당에서 신부님이 성경을 봉독하면 뒷 구절을 듣는 순간 앞 구절이 생각나지 않는다. 그런데 성경 말씀이 귀에 쏙쏙 들어올 때가 있다.

성당에서는 한 달에 한두 번 같은 지역 식구들이 모여 반모임을 한다. 그 주의 성경 말씀을 세 번 읽고 말씀 나누기를 하는 모임이다. 그 모임에 참석한 주는 미사 중에 성경 말씀이 귀에 쏙쏙 들어오는 것은 물론이거니와 말씀을 받아들이는 깊이가 다르다.

공부도 그러하지 않을까? 예전에도 그랬고 지금도 여전히 공부를 잘하는 친구들은 예습과 복습을 잘 하는 것 같다.

예전에 갓 대학생이 된 나에게 사촌 언니가 초등학교 3학년 사촌 동생 수학 공부를 좀 봐 달라고 부탁했던 적이 있다.

가르칠 게 없었다. 이렇게 쉬운 걸 뭘 가르칠 게 있다고 하면서 진도를 쭉쭉 빼어 책 한 권을 후딱 끝낸 적이 있다. 가르친다는 것이 무엇인지 조금 알고 나니 무지하기 그지없는 행동이었다.

교과서를 보면 도입 순서가 있다. 아이가 받아들일 수 있는 수준의 문제에서 시작해 단계별로 사고를 키워 나갈 수 있는 문제들로 촘촘하게 구성되어 있다. 쭉 훑어가는 식의 학습은 종이만 넘어갔을 뿐이지 의미가 없다. 학습은 그 과정을 통해 실제로 수학적 사고 능력이 신장되게끔 해야 한다. 그래서 매일매일 조금씩의 예습과 복습이 필요하다.

하루 30분에서 한 시간 정도 공부하며 조금씩 체크해 나가는 것이 중요하다.

예습, 복습 방법도 특별할 것 없다.

예습은 내일 시간표에 있는 책을 꺼내 배울 부분을 한번 가볍게 읽어 보기만 해도 된다.

복습은 오늘 배운 개념에 대해 다섯 개에서 열 개 정도 질문하면 된다. 묻다 보면 아이가 잘 모르는 것은 조금 더 설명하고 잘 이해하는 것은 가볍게 넘어가 주면 된다.

예습은 좀 느슨하게 슬쩍 보는 정도, 복습은 좀 꼼꼼하게 하면 좋지 않을까?

이런 말을 하면 사람들은 알기는 하나 실천이 안 된다고 한다. 그래서 공부를 쉽게 하는 아이와 돈을 쏟아부어도 안 되는 아이가 있다. 5분, 10분해서 효과가 있을까 의심하지 말고 5분, 10분의 노력을 꾸준히 들여야 한다. 단언컨대 학원에서의 한 시간보다 매일 하는 5분, 10분의 예습, 복습이 훨씬 효과적이다.

서점을 들러 보면 무수한 문제집들이 진열되어 있어 어떤 책을 골라야 할지 고민에 빠져들게 만든다. 아이에게 적절한 문제집이 있다면 그것도 좋겠다. 하지만 잘 모르겠다면 기본에 충실하자. 예습, 복습도 우선 교과서를 중심으로 이루어져야 한다. 이 식상한 진리는 경험상 정확하다.

수학 성적이 적어도 70~80점 사이에 도달하지 않는다면 문제집을 풀기보다 교과서 내용을 반복하여 완전히 숙지하는 게 좋다. 교과서에 나온 문제는 어떤 문제라도 완벽하게 풀 수 있게끔 연습하는 것이 좋다.

수학은 주마간산 격으로 공부하면 잃는 것이 더 많아진다. 정확하게 알고 있지 않으면 함정에 빠지는 문제들이 시험에 나온다. 열심히 공부했고 알고 있다고 생각했는데 시험에서 틀려 버리면 아이는 자신감을 가지기 힘들다.

소질 있는 아이라도 수학 교과서를 통해 개념을 정확히 짚고 그것을 바탕으로 응용력을 길러야 모래 위에 쌓은 성이 되지 않는다. 그저 많은 문제를 풀어 문제 유형을 익혀 푸는 것만으로는 수학적 사고력이 향상될 수 없다.

교과서를 적어도 세 번 이상, 설명하는 글도 꼼꼼하게 읽으면서 풀어 보아야 한다. 풀기 전에 미리 책을 복사해 놓거나 한 권 더 구입해서 풀면 좋다. 더불어 학년이 바뀌더라도 수학 교과서를 버리지 말고 책꽂이에 꽂아 두고 정확하지 않은 개념이 나올 때마다 책을 찾아보기를 권하고 싶다.

개념에 대한 설명은 교과서만한 것이 없다. 오랫동안 수학을 가까이 해 온 나도 교과서의 개념을 다시 보며 '아하' 하고 깨닫는 것이 한두 개가 아니다.

문제집
세 번 풀기
●

문제집으로 넘어가고 나서도 학습 원칙은 크게 달라지지 않는다. 세 권의 각기 다른 문제집을 푸는 것과 한 권의 문제집을 세 번 반복해서 푸는 것 중 어느 것이 더 효과적일까? 아이에 따라 조금은 다르겠지만 한 권의 문제집을 세 번 반복하는 것이 더 효과적이다.

첫 번째는 꼼꼼히 모든 문제를 풀기

두 번째는 단순한 연산 실수를 제외하고 틀린 문제 모두 풀기

세 번째는 두 번째 풀 때 틀린 문제만 다시 풀기

세 번째까지 풀고도 틀린 문제는 오려서 상자에 모아 두고 한 번씩 꺼내 다시 풀어 보면 좋다. 오답노트를 만들 수 있으면 더 좋지만 아이가 어릴 때는 번거로울 수도 있다. 상자에 모아 두고 한두 문제씩 꺼내 다시 생각하는 것도 나쁘지 않은 듯하다.

교과서를 세 번 풀고, 문제집 한 권을 세 번 풀면 시험에 나오는 모든 문제를 거의 해결할 수 있다. 그런데 어떤 아이는 그것보다 더 많은 책을 풀었는데도 왜 안 될까? 다른 이유도 있겠지만 옳게 풀지 않아서 그럴 가능성이 크다.

어떤 문제를 풀더라도 외워서 하지 않고 생각하면서 처음부터 끝까지 스스로 해결하는 연습을 해야 한다.

"엄마, 나 이 문제 못 풀어."

"어제 엄마랑 풀었잖아."

그 말도 안 하는 것이 좋다. 그 말도 힌트가 되기 때문이다.

시험은 처음부터 끝까지 혼자 생각하고 해결해야 되므로 평소에도 아무런 힌트없이 처음부터 끝까지 푸는 연습을 해야 한다.

그 정도 풀고도 여력이 있으면 다른 여러 종류의 문제집을 풀기 시작해도 좋다. 그러면 진도 나기기가 훨씬 쉬워진다.

초등 1, 2학년
연산 지도 순서
●

많은 아이들이 초등학교 저학년 때 더하기, 빼기, 곱하기, 나누기 기본연산 연습을 하는 학습지를 한다. 하지만 연산 훈련만 하다 보면 생기는 부작용도 있다.

예를 들어 보자.

Q. 열두 명의 친구에게 사탕 네 개씩을 나누어 주었습니다. 사탕은 몇 개가 있었을까요?

문장 속에 '나누어'란 단어가 있다고 '셋'이라고 대답하는 아이들이 의외로 많다. 문제를 제대로 읽지 않고 기계적으로 푼 것이다.

밸런스를 맞추는 게 중요하다. 의미의 완전한 이해가 먼저다. 연산 연습도 필요하긴 하다. 하지만 습관적으로 답이 술술 나오는 기계적인 연습은 수학적인 사고와는 상관이 없다. 오히려 해야 할 생각을 안 하고 넘어가게 할 수 있다.

저학년 때 수학은 연산이 차지하는 비중이 커서 연산을 잘 하면 자기가 수학을 잘한다는 자신감을 가질 수 있다. 그 자신감이 동기가 되어 수학 공부를 열심히 하게 되면 좋다.

하지만 지나치게 연산만 강조하면 수학에 질리거나 두려움을 가지게 되므로 주의해야 한다. 연산을 잘한다고 수학을 잘하는 것도 아니고 연산이 더디다고 수학적인 재능이 없는 것도 아니다. 하지만 처음 수학을 시작할 때는 연산을 못하면 아이가 스스로 수학을 못한다고 생각할 수 있으니 발목 잡히지 않을 정도의 연습이 필요하다.

5학년 과정 분수의 더하기, 빼기, 곱하기, 나누기까지는 아주 빠르게는 아니더라도 막힘없이 풀 수 있을 정도로 연습하자.

저학년 때 꼭 습득하고 넘어가야 할 기초적인 덧셈과 뺄셈을 흔들림 없이 배우려면 순서도 중요하다. 10단계 정도로 나눌 수 있는데, 1학년 때 8단계까지 착실히 익혀 두면 2학년 때 두 자릿수의 연산으로 넘어가도 큰 무리가 없다.

| 저학년 기초연산 10단계 |

	1단계	구체물 9 이하의 수에 대한 가르기와 모으기
1학년	2단계	9 이하의 수 덧셈과 뺄셈 (답도 9 이하의 자연수로 나올 것) (몇) + (몇) = (몇), (몇) − (몇) = (몇) 예: $3 + 5 = 8$, $7 − 2 = 5$
	3단계	구체물로 10 가르기와 10이 되도록 모으기
	4단계	답이 10이 나오는 덧셈 및 10에서 한 자릿수의 뺄셈 (몇) + (몇) = 10, 10 − (몇) = (몇) 예: $6 + 4 = 10$, $10 − 8 = 2$
	5단계	받아올림이 없는 두 자릿수의 덧셈 받아내림이 없는 두 자릿수의 뺄셈 예: $23 + 15 = 38$, $37 − 15 = 22$
	6단계	한 자릿수 세 개의 덧셈 혹은 뺄셈 (몇) + (몇) + (몇) = (몇), (몇) − (몇) − (몇) = (몇) 예: $2 + 3 + 4 = 9$, $8 − 2 − 5 = 1$
	7단계	세 개의 수 중 두 수의 합이 10인 덧셈 예: $2 + 5 + 8 = 10 + 5 = 15$
	8단계	받아올림, 받아내림의 기초 연습 (몇) + (몇) = (십 몇), (십 몇) − (몇) = (몇) 예: $8 + 9 = 17$, $17 − 9 = 8$
2학년	9단계	받아올림이 있는 두 자릿수와 한 자릿수의 덧셈과 받아내림이 있는 두 자릿수와 한 자릿수의 뺄셈 (몇십 몇) + (몇), (몇십 몇) − (몇) 예: $24 + 9 = 33$, $45 − 8 = 37$

148

2학년	10단계	받아올림이 있는 두 자릿수와 두 자릿수의 덧셈과 받아내림이 있는 두 자릿수와 두 자릿수의 뺄셈 (몇십 몇) + (몇십 몇), (몇십 몇) − (몇십 몇) 예: 15 + 27 = 42, 68 − 12 = 56

초등 1학년
수학

●

수학은 계통성이 있는 학문이다. 한 가지 개념이 완벽하게 인지되었다는 전제하에 다음 과정의 학습이 진행된다. 그래서 아이가 각 단계마다 그 과정의 교육 목표를 정확하게 알고 충분히 학습할 수 있게 지도하여야 한다.

지금 배우는 것이 다음에 배우게 될 것의 초석이 되기 때문이다.

덧셈구구를 완성하자

1학년이 끝날 땐 덧셈구구는 완성되어야 한다. 합이 9+9=18 범위 안의 덧셈은 자유로워야 한다.

뺄셈구구(0+0의 합인 0에서부터 9+9의 합인 18까지의 수의 범위 안에서 0에서 9까지의 수를 뺀 수)도 완성하면 좋지만 뺄셈은 덧셈의 역을 이용해서 구할 수 있으므로 덧셈구구의 완성에 더 큰 비중을 두어야 한다. 직관적으로 답해도 되지만 10의 만들기를 이용해서 답할 수 있어도 된다.

덧셈구구는 가로 다섯 칸 세로 다섯 칸 정도의 바둑판 모양 정사각형을 만들어 수의 범위와 배열을 달리하여 매일 한 장 정도 꾸준히 연습하면 좋다. 처음엔 1~3까지의 범위를 연습하게 하고 그것이 익숙해지면 1~5, 1~9까지의 범위로 확장하여 연습하도록 한다. 행과 열을 따라 더하면 된다. 때때로 행과 열의 숫자들의 순서를 바꿔 주면 기계적으로 풀지 않아 좋다.

덧셈구구가 완성되어 있어야 2학년 때 배우는 받아올림, 받아내림이 있는 세로셈 계산이 쉽다. 1학년이 끝났는데도 기본 덧셈이 부담스러운 아이에게 2학년 수학은 더 부담스럽게 다가올 것이다.

덧셈구구와 더불어 1학년 때 아래 사항들을 짚어 나가자.

10의 보수는 외워 두자.

다른 수의 보수는 구태여 외울 필요가 없지만 10의 보수(합하면 10이 되는 수: (1, 9) (2, 8) (3, 7) (4, 6) (5, 5))는 외우고 있으면 편리하다.

|다양한 덧셈구구표|

+	1	2	3
1	2	3	
2	3		
3			

+	1	3	2	5	4
2	3	5	4		
4	5				
1	2				
3					
5					

+	1	2	3	4	5	6	7	8	9
1	1								
2					7				
3									
4						10			
5									
6		8							
7									
8									
9									

일, 십, 백 … 자리로 숫자를 인지하는 십진기수법도 자연스럽게 이해해야 한다.

아이가 13-7=10-7+3 형태의 문제를 자연스럽게 이해할 수 있다면 십진기수법의 개념도 별 무리가 없이 형성된 상태라고 보면 된다. 그렇다고 12-7=10-7+2 등 비슷한 형태의 문제를 익숙해질 때까지 연습시킬 필요는 없다.

여러 가지 방법으로 십진기수법을 이해시켜 세밀한 설명 없이도 그 개념이 자연스럽게 받아들여지면 된다. 의외로 1학년이 되어도 자릿수에 따라 숫자 크기가 다르다는 걸 잘 이해하지 못하는 아이들이 있다. 그렇다면 수 모형 블록을 이용하여 자릿수에 따라 의미하는 숫자의 크기가 달라진다는 것을 눈으로 비교하며 정확하게 인지할 필요가 있다.

굉장히 중요하다.

교과과정에서 시계 보기도 배운다.

1학년 때는 ○시 / ○시 30분 까지 배운다.

시계 보기는 어릴 때부터 생활 속에서 조금씩 지도하면 좋다. 아래 순서대로 지도하면 된다.

1. ○시

2. ○시 30분

3. 5분 단위

4. ○시 ○분 전

5분 단위, ○시 ○분 전은 2학년 2학기 때 배우게 되지만 평소에 조금씩 연습시키며 더 확장해서 가르쳐도 된다. ○시 / ○시 30분을 정확하게 알고 나면 집 안의 시계에 숫자마다 5분, 10분, 15분… 하는 식으로 붙여 둔다. 그리고 하루에 몇 번씩 물어보면서 1은 5분, 2는 10분, 3은 15분 등 자연스럽게 익히게 하면 좋다.

초등 2학년 수학

2학년 때 결정적으로 중요한 것은 두 가지다. 받아올림, 받아내림이 있는 덧셈, 뺄셈(예: 53-27, 125-68, 67+59)을 완벽하게 습득해야 한다. 그리고 구구단을 막힘없이 외워야 한다. 그래야 3학년 때 배우는 곱셈과 나눗셈을 별 무리 없이 받아들일 수 있다.

8×7은? 하고 던지듯이 물었을 때 56이 툭 하고 나올 정도로 연습되면 좋다.

구구단과 동수누가를 완성시키자.

구구단을 외우기 전에 먼저 이해할 개념이 동수누가(같은 수를 거듭하여 더함)의 의미이다. 왜 곱하기란 약속이 만들어졌나 알고 구구단을 외우게 만들어야 한다.

2+2+2+2+2=10, 2×5=10 이 정도까지야 더하기나 곱하기나 별반 차이가 없다. 하지만 2+2+2+2+2+…+2=200과 같이 2를 100번쯤 더해야 한다면 더하기보다 쉬운 어떤 방법이 있으면 더 편리하다. 그래서 약속한 방법이 곱하기란 걸 알고 구구단을 외워야 한다.

2학년 1학기 마지막에 동수누가의 의미를 공부하게 된다. 그때 동수누가란 단어는 사용하지 않는다. 그리고 여름방학 때 구구단을 외울 시간을 주고 2학년 2학기 때 구구단을 완성시키게 한다.

3학년 1학기 교과과정은 구구단이 완성되었다는 전제하에 곱셈과 나눗셈을 가르친다.

2학년이 시작되면서 조금 준비해 두면 구구단을 쉽게 익힐 수 있는 방법이 있다. 알게 모르게 배수의 연습도 된다. 하지만 배수란 단어는 5학년이 되기 전에는 사용하지 않는 것이 좋다.

나도 항상 바쁜 엄마여서 되도록이면 단순한 방법으로 애들을 공부시키려고 미리 준비했다. 2학년이 시작되면서 A4용지에 빈 네모 칸을 가로로 열 개 세로로 여섯 개 되게 만들어 잔뜩 뽑아 냉장고 위에 올려 두고 매일 아침마다 한 장씩 주면서 네모 칸을 채우게 했다.

처음엔 동수누가를 설명할 필요도 없고 아이에게 둘씩, 셋씩, 넷씩… 더해서 네모 칸을 채우게 한다. 더하기는 1학년 때 학습했으니 빠르고 느림의 차이는 있겠지만 할 수 있다.

처음엔 힘들어 하지만 매일 한 장씩 연습하다 보면 실력이 늘어간다. 300장 정도를 하고 나면 귀신 같은 실력을 갖게 된다.

세로줄을 여섯 줄 만들었다고 해서 처음부터 여섯 줄 모두 채우게 한다면 금방 지쳐서 못하게 된다. 처음엔 더하기 2 한 줄만. 내일은 더하기 2, 더하기 3, 모레는 더하기 2, 더하기 3, 더하기 4 이런 식으로 점차 늘려 가야 한다. 더하기 2만 몇 줄 연습해도 된다.

더하기 2, 더하기 3, 더하기 4, 더하기 5를 충분히 연습하고 나면 더하기 6, 7, 8, 9는 2, 3, 4, 6 / 2, 3, 4, 7 / 2, 3, 4, 8 /…이런 식으로

이미 익숙한 동수누가와 섞어서 익히게 하면 좋다.

반드시 매일 규칙적으로 하도록 해야 하지만 난이도와 분량은 융통성 있게 조절해 공부 시간이 10분을 넘지 않게 연습시키는 것이 좋다. 긴 시간 지속해야 하는 공부는 짧게 해야 한다.

| 12까지의 동수누가표 |

2	4	6	8	10	12	14	16	18	20
8	16	24	32	40	48	56	64	72	80
3	6	9	12	15	18	21	24	27	30
9	18	27	36	45	54	63	72	81	90
4	8	12	16	20	24	28	32	36	40
10	20	30	40	50	60	70	80	90	100
5	10	15	20	25	30	35	40	45	50
11	22	33	44	55	66	77	88	99	110
6	12	18	24	30	36	42	48	54	60
12	24	36	48	60	72	84	96	108	120
7	14	21	28	35	42	49	56	63	70

※1년을 연습한 딸아이는 위의 예시처럼 12의 동수누가까지 다 채우는 것도 10분이면 충분했다.

아이들은 1년을 연습한 2학년 12월 무렵에는 연필을 잡으면 더 하지 않더라도 2, 4, 6, 8, 10… 이 자연스럽게 나오는 경지에 도달하게 되었다. 내 몸이 수고스럽게, 진득하게 한 공부가 진짜 내 실력이 되는 것 같다.

시계 보기와 시간 개념을 완성시키자.

초등학교 2학년 2학기 때는 시간 개념을 아래와 같이 더 구체적으로 배우고 확장하게 된다.

- 5분, 10분…
- 긴 바늘이 가리키는 작은 눈금 한 칸은 1분
- 3시 50분 = 4시 10분 전
- 1시간 = 60분
- 1일 = 24시간
- 1주일 = 7일
- 1년 = 12개월

쉽고 정확하게 인지하기 위해서는 매일 그것과 관련된 문제를 다섯 개 정도 물어봐 주자.

2학년 겨울방학 보내기

책부터 읽히자.

가장 중요하다. 이 시기는 시간도 많고 아직 게임에도 심하게 중독되지 않았고 엄마, 아빠 말이 아직은 최고로 들릴 때다.

엄마한테 혼나는 것이 무섭기도 할 때다. 잘 어르고 달래서 책을 읽게 해야 한다. 일단 취미를 붙이면 향후 모든 학습이 쉬워진다.

책을 읽으면 머릿속에 하나의 세상이 펼쳐진다. 사용할 수 있는 어휘가 늘어나고, 상상하고 이해하고 판단하는 능력이 독서를 통해 자연스럽게 길러지게 된다.

수학은 예습보다 복습을 먼저 권하고 싶다.

구구단의 의미를 알고 정확하게 외우고 있을수록 3학년 때 나오는 나눗셈이나 곱셈이 쉽다.

$7 \times 2 = 14$가 망설임 없이 그냥 나올 때까지 외우게 하면 좋다. 7×1은 7, $7 \times 2 = 14 \cdots$ 처음부터 외워 $7 \times 7 = 49$가 나오게 하지 말고 그냥 아무 때나 7×7을 외쳐도 49가 될 때까지 연습하도록 해야 한다.

또 받아올림, 받아내림이 있는 세로셈에서 받아올림, 받아내림을 습관적으로 하지 말고 하나 올려 주고 하나 내려 줄 때 그 크기를 정확하게 이해하도록 해야 한다. 하루에 10~20문제 정도 연습하면 적당하다. 십진기수법의 정확한 이해가 있어야 수월하다.

구구단과 받아올림, 받아내림이 막힘없이 자연스러울 때 3학년 1학기 교과서를 예습하면 된다.

국어 또한 되짚고 넘어가야 한다.

혹시 국어가 어설프다면 2학년 1학기, 2학년 2학기 교과서를 다시 한번 복습시켜야 한다. 1학년 교과서부터 시작해도 괜찮다. 안 될 땐 안 되는 부분부터 시작하는 것이 아니라 잘하는 부분부터 시작하는 것이 좋다.

초등 3학년 수학

●

3학년 수학에서 아이들이 숙지하고 넘어가야 할 것이 몇 가지 있다. 심화된 4, 5학년 내용에 앞서 꼼꼼히 공부해야 한다.

세 자리의 수에서 세 자리의 수의 뺄셈에 능숙해져야 한다.

특히 받아올림, 내림이 두 번 일어나도 문제 없이 다룰 수 있어야 한다. 600-354, 703-264 형태의 문제를 망설임없이 풀 수 있다면 괜찮다.

도형의 기초를 배운다.

선분, 반직선, 직선의 개념을 알고 이를 바탕으로 각, 직각, 직각 삼각형, 직사각형, 정사각형 등의 개념을 정확히 이해하고 실생활 속에서 찾을 수 있어야 한다.

3학년이 끝날 즈음에는 자연수에 대한 사칙연산(+, −, ×, ÷)이 자유로워야 한다.

특히 몇십 몇 × 몇(예: 47 × 3)과 나머지가 있는 몇십 몇 ÷ 몇의 계산과 검산은 정확해져야 한다(예: 98 ÷ 4=24…2, 24 × 4+2=98).

3학년에서 가장 중요한 개념이 분수다.

분수는 의미의 이해가 중요하다. 분수는 하나를 똑같이 몇 개로 나눈다는 것을 완전히 이해할 때까지 그림과 문장을 이용해 반복적으로 숙지시켜야 한다. 분수는 한두 번 풀어서는 절대 이해할 수 없는 개념이다. 문제집을 한 권 구입해서 그 단원을 복사해 여러 번 반복적으로 풀게 하는 것도 좋은 방법이다.

진분수, 가분수, 대분수 의미를 배우고 활용해 본다.

대분수를 가분수로 만들기, 가분수를 대분수로 만들기를 3학년 때 배우게 된다. 역시 숙지하려면 많은 연습이 필요하다.

기초를 되짚는 3학년 겨울방학

초등학교 3학년에 이르러 수학 학습이 부진하면 반드시 1학년부터 다시 시작해야 한다. 덮어놓고 1학년 문제집을 풀면 아이가 마음을 다칠 수도 있으니 1, 2, 3학년 문제집을 구입해서 책을 분철해서 연관되는 단원끼리 묶어 사용하면 좋다

연결되는 내용끼리 분철해서 공부시키면 학습에도 더 효율적이다. 덧셈은 덧셈끼리, 곱셈은 곱셈끼리, 나눗셈은 나눗셈끼리 연습시키면 선수 학습을 철저히 하면서 진도를 나갈 수 있어 좋다. 문제집은 시중에 나와 있는 유명한 출판사 문제집 중에 어렵지 않은 것을 선택하면 된다. 수학 교과서와 수학 익힘책을 풀어 보는 것도 아주 좋은 방법이다.

| 1, 2, 3학년의 연관되는 단원들 |

1학년 1학기	〈1단원 9가지의 수〉, 〈3단원 덧셈과 뺄셈〉, 〈5단원 50까지의 수〉
1학년 2학기	〈1단원 100가지의 수〉, 〈3단원 덧셈과 뺄셈1〉, 〈5단원 덧셈과 뺄셈2〉
2학년 1학기	〈1단원 세 자릿수〉, 〈3단원 덧셈과 뺄셈〉, 〈6단원 곱셈〉
2학년 2학기	〈1단원 네 자릿수〉, 〈2단원 곱셈구구〉
3학년 1학기	〈1단원 덧셈과 뺄셈〉, 〈3단원 나눗셈〉, 〈4단원 곱셈〉, 〈6단원 분수와 소수〉
3학년 2학기	〈1단원 곱셈〉, 〈2단원 나눗셈〉, 〈4단원 분수〉

개인적으로 쉬운 책을 선호한다. 어떤 문제집을 선택하더라도 처음에는 심화 부분은 너무 강조하지 말고 개념을 익히는 데 주력해야 한다.

수학의 개념이 한 번 외워서 해결되는 것이 아니니 문제풀이를 통해 개념을 완전히 이해할 수 있도록 해야 한다. 일단은 기본을 열심히 하고 어느 정도 자신감이 붙으면 심화나 실력 부분을 풀며 더 깊게 이해할 수 있다.

어떤 학년이라도 수학을 공부하는 방법은 똑같다. 고등학생이 되어서도 마찬가지이다. 단원마다 나오는 수학의 정의, 개념을 쉬운 문제를 통해 완전히 익히고 난 다음 좀 더 어려운 문제로 익힌 개념을 적용하게 만들고 그다음 심화 문제로 나아가야 한다.

수학은 일방적으로 듣기만 해서 해결할 수 있는 학문이 아니다. 고민하며 열심히 풀었을 때 이해되고 머리에 남게 되는 과목이다.

지금까지 문제없이 수학이 학습된 아이도 이때는 복습과 강화에 주력해야 한다. 덧셈, 뺄셈, 곱셈, 나눗셈 연습을 시키면서 대분수를 가분수로, 가분수를 대분수로 나타내는 것 또한 반복해서 풀어 보아야 한다.

수학 외에 초등학교 방학마다 신경 쓸 것이 한 가지 더 있다면 독서이다. 시간이 있는 초등학생 때 독서를 많이 하는 것은 아무리 강조해도 지나치지 않을 정도로 중요하다. 나중에까지 학습의 저력이 된다.

초등 4학년 수학

●

4학년이 되면서 새로운 개념들이 많아

진다. 특별한 방법이 없다. 개념을 이해하고 문제를 통해 익숙해질 때까지 꾸준히 연습하는 수밖에.

4학년 때는 조 단위까지의 수를 읽는 법을 배운다.

규칙만 알면 간단하다. 실생활에선 큰 수를 읽을 때 세 자리로 끊어 읽지만 학교에서는 네 자리로 끊어 읽도록 가르친다. 만, 억, 조만 외우면 된다.

예를 들어 1234234556789101을 읽으려면 끝자리부터 4자리씩 끊는다. 천의 자리까지 읽기는 2학년 때 완성해야 한다. 그 후에는 네 자리씩 끊어 읽고 단위만 붙이면 된다.

1234 / 2345 / 5678 / 9101

1234 조 / 2345 억 / 5678 만 / 9101

천이백삼십사조 / 이천삼백사십오억 / 오천육백칠십팔만 / 구천백일

사칙연산 혼합계산의 계산 순서도 배운다.

( ) → ×, ÷ → +, − 의 순서대로 하면 된다.

이론적으로는 아주 간단하지만 익숙해지는 데 연습이 필요하다.

분모가 같은 분수의 덧셈과 뺄셈을 익히기 시작한다.

동분모분수의 덧셈과 뺄셈은 개념의 정확한 이해와 충분한 연습이 필요하다. 그래야만 5학년 때 배우게 될 이분모분수의 학습이 쉬워진다.

소수의 덧셈과 뺄셈도 배운다.

자릿수의 개념이 정확하면 어렵지 않다.

다양한 각, 도형에 대해 배우며 도형의 개념을 넓힌다.

각도, 삼각형과 사각형의 내각의 합, 평면도형의 이동, 삼각형, 수직과 수선, 평행, 사각형, 다각형에 관한 것을 배우게 된다.

예습도 필요한 4학년 겨울방학

초등학교 방학 중 복습만큼 예습이 중요한 시기는 4학년 겨울방학이다.

5학년 1학기가 시작되면 아이들은 한꺼번에 너무 많은 새로운 개념들을 배워야 한다. 약수, 배수, 공약수, 공배수, 최대공약수, 최소공배수, 약분, 통분, 이분모분수의 덧셈, 뺄셈까지 순식간에 배우게 된다. 하나하나가 아이가 쉽게 익힐 수 있는 개념이 아닌 데다가 충분한 연습도 필요하다.

1~4학년까지의 학습은 이 개념들을 익히기 위한 기초가 되고, 이 새로운 개념들을 충분히 숙지하지 못하면 중학교 수학까지 영향을 미친다. 아이가 예습을 할 때 역시 수학 교과서와 수학 익힘책을 반복해서 풀어 보면 좋다.

우선 약수부터 익힌다.

약수의 의미를 알고, 약수를 구하는 것이 익숙해질 때까지 연습이 필요하다. 약수는 '어떤 수를 나누어떨어지게 만드는 수'이다. 아이가 납득하고 나면 직접 어떤 수를 1부터 나누어 보게 한다. 예를 들어 6을 해 보면 이렇다.

$6 \div 1 = 6$

$6 \div 2 = 3$

$6 \div 3 = 2$

$6 \div 4 = 1 \cdots 2$

$6 \div 5 = 1 \cdots 1$

$6 \div 6 = 1$

그래서 6의 약수는 1, 2, 3, 6 이다.

작은 수는 직접 나누어 보면 되지만, 12만 되어도 열두 번을 나누어야 되고 100의 약수를 구하자면 100번을 나누어야 하니 좀 더 쉽게 약수를 찾을 수 있는 방법이 필요해진다. 그래서 생각한 것이 곱하기를 이용한 방법이다.

A라는 숫자를 나누어 떨어지게 하는 숫자라는 것은 역으로 이야기하면 그 숫자들을 곱하면 A라는 숫자가 나온다는 의미다.

예를 들어 12의 약수를 이런 방식으로 찾는다면, $2 \times 6 = 12$, $3 \times 4 = 12$ 하는 식으로, 먼저 나오는 숫자들과 무슨 숫자를 곱하면 12가 나오는지 구구단을 외며 찾다 보면 이렇게 된다.

1, 2, 3, 4, 5, 6, 7, 8, 9, 10, 11, 12

$1 \times 12 = 12$, $2 \times 6 = 12$, $3 \times 4 = 12$

그래서 12의 약수는 1, 2, 3, 4, 6, 12 가 나온다.

7부터 11까지는 살펴볼 필요가 없으니 훨씬 빨리 약수를 구할 수 있게 된다.

일단 개념을 이해했으면 방학 두 달 정도를 매일 약수 구하는 것을 연습해 능숙하게 약수를 구할 수 있도록 해야 한다. 빈 종이에다 하루에 스무 개 정도씩 매일 연습시키면 된다. 1~40까지 수의 약수 구하기가 충분히 연습되면 더 큰 수의 약수가 나와도 문제없이 해결할 수 있다.

약수를 확실히 알고 있으면 공약수, 최대공약수는 훨씬 쉽게 이해할 수 있다. 아이가 약수 구하는 것을 매일 연습하면서 연관된 새로운 개념들을 정확하게 이해하고 그 개념 하나하나를 충분히 연습하고 숙달하도록 지도해야 한다.

만약 3, 4학년 때 배우는 동분모분수의 계산이나 대분수, 가분수 바꾸기가 아직 헷갈리는 상태라면 그것부터 충분히 연습해야 한다.

초등 5학년
수학

●

5학년 학습부터는 능력별 학습이 가능하다. 똑같이 약수, 배수를 배우더라도 그 깊이를 달리하여 학습할 수 있다.

이제까지의 학습을 잘 따라온 아이라면 약수, 배수, 최대공약수, 최소공배수의 응용문제를 다양하게 접하게 해 주면 좋다. 이때 배우는 응용문제는 중학교 1학년 1학기 때 배우는 약수, 배수의 응용문제와 같다.

개인별 학습이 가능하다는 것이 선행 학습을 하라는 뜻은 아니다. 5학년 학습이 잘 된다고 6학년 학습으로 빨리 넘어가기보다 찬찬히 깊이 있게 5학년 학습을 다져 놓는 것이 향후 학습에 훨씬 유리하다.

5학년 때 소개되는 개념인 약수, 배수, 공약수, 공배수, 최대공약수, 최소공배수의 완전한 이해와 이분모분수의 충분한 연습은 아무리 강조해도 지나침이 없다.

초등학교 6년 과정을 통틀어 제일 중요한 부분이라 생각한다.

5학년 1학기 과정을 쉽게 받아들이면 앞으로 배우게 될 수학도 쉽게 받아들일 가능성이 커진다.

1학년에서 4학년까지의 학습이 탄탄하지 않으면 5학년 학습은 조금 어려움이 있을 수도 있다. 하지만 아이가 5학년 수학을 버거워 한다고 해도 당황하지 말자.

늘 하는 얘기지만, 잘 안 되는 아이는 그때부터 마음 다져 먹고 시작하면 된다. 아이가 5학년 때 수학에 자신 없어 하는 것을 안 것만으로도 대단한 것이다.

대부분은 중학교 1학년 1학기 학기말 시험을 치고 나서야 아이가 수학에 취약함을 알게 된다. 방정식의 응용문제를 푸는 것을 기점으로 그럭저럭 해내는 것 같던 아이의 수학 실력에 한계가 보이는 것이다.

수학이 쉽지 않긴 하지만 그렇다고 못 오를 만큼 높은 벽도 아니다. 인내와 끈기와 집중력을 조금 더 필요로 할 뿐이다.

고등학교 3학년 3월에 친 모의고사 성적이 수능 시험 성적이라는 이야기가 고3 엄마들 사이에선 정설로 받아들여지고 있다.

정말 그럴까?

그럴 가능성이 많다. 왜냐하면 성적은 보통 공부 습관의 문제이고, 마음을 먹는다고 습관이 하루아침에 바뀌지 않기 때문이다.

스스로를 통제할 만큼의 성숙함을 갖추기는 정말 쉽지 않다.

그래서 공부는 머리 좋은 아이가 잘하는 것이 아니라 자기를 통제하고 절제하며 꾸준히 학습하는 습관이 몸에 밴 아이가 잘하는 것이다. 대부분의 아이들은 노력해도 학습을 받아들일 수 없을 만큼 머리가 나쁘지도 한 번 보면 모든 것을 꿰뚫어 볼만큼 머리가 좋지도 않기 때문이다.

그러니 5학년 때 알게 된다면 가능성이 엄청나게 커지는 것이다. 5학년은 습관을 바꿀 수 있는 나이이기 때문이다. 아직 좋은 습관을 만들 수 있는 나이다.

복습하는 5학년의 겨울방학

5학년 겨울방학은 일단 복습을 해야 한다.

약수, 배수의 개념은 생각보다 어렵고, 응용의 범위가 무궁무진하다.

분수도 더 공부할 여지가 있다. 특히 분수의 곱셈, 나눗셈 보다는 분수의 덧셈, 뺄셈을 아이들이 더 어렵게 생각하니, 연습해 자신 있게 풀 수 있도록 하자.

5학년 교과서 중에서 약수, 배수, 분수와 관련된 단원을 정확히 짚어 보고 6학년 1학기의 관련 단원을 예습하도록 해야 한다. 이 시기에는 철저하고 완벽한 복습이 예습보다 훨씬 더 중요하다.

수학은 한꺼번에 많이 시키려 하지 말자. 정말 매일매일, 꾸준히 조금씩 해야 하는 과목이다. 이때 특히 이 사실을 거듭 되새길 필요가 있다. 주변에서 사교육을 많이 시키기 시작하는 시기이기도 하기 때문이다. 하지만 잘 생각해야 한다. 학원에 의지하여 듣는 공부에 익숙해지면 아는 듯해도 실상은 한 개도 모르는 상태가 된다. 연필을 잡고 아이가 직접 고민하여 푸는 시간을 만들어 주어야 한다.

하루에 10분이라도 집중해 수학 두 장 풀기를 실천한다면 수학

고민은 점차 해소된다.

6학년,
인생을 준비하는 시간
●

본격적인 사춘기를 눈앞에 둔 이 시기에는 부모가 보다 멀리 볼 필요가 있다. 이때 진도가 조금 빨리 나가고 늦게 나가고는 전혀 중요하지 않다. 아이가 받아들이는 속도가 조금 빠르고 느림도 중요하지 않다.

아이가 공부를 하고자 하는 욕구가 싹터야 한다.

그것이 배움에 대한 열망이면 더할 나위 없이 좋고 새로운 것을 알아가는 기쁨이라도 좋고 부모님이 좋아하는 모습이 행복해서라도 좋고 부모님께 인정받고 싶어 열심히 해도 괜찮고 좋은 고등학교, 대학을 가기 위해 공부해도 좋다.

무슨 이유라도 아이 스스로 학습에 대한 동기가 분명해야 공부를 해 나갈 수 있다.

이때는 아이를 바라보며 타인에 대한 기본적인 예의를 배우고 있는지, 내 인생을 성실하게 산다는 의미를 깨닫고 있는지 생각해 볼 필요가 있다. 공부도 한 인간이 되는 길 위에서라야 의미가 있다. 성공했으면, 남보다 뛰어났으면 하는 마음을 잠시 접어 두고 인간을 인간답게 키우는 것에 조금 더 신경을 써야 한다.

내 아이의 그릇이 남들보다 조금 더 크다면 그 좋음이야 말로 다할 수 없겠지만 내 아이가 자기의 그릇만큼 아기자기하게 커 가는 것도 행복한 일이다.

아이와 많은 이야기를 나누고 특히 아이의 이야기에 귀 기울이며 몸이 커 가듯 아이의 정신세계도 바르게 크도록 지켜보고 돌봐 주어야 한다. 어른도 무지하고 경박스러운 어른이 있듯이 아이도 가꾸어 주지 않으면 깊이 없는 아이로 자라게 된다.

머릿속이 온통 게임으로만 차 있는 것도 경계해야 할 모습 중에 하나다. 세상에는 게임 말고도 재미있는 것이 많이 있음을 알게 해 주어야 한다. 독서나 운동, 음악, 미술, 여행… 아이가 심취할 것을 같이 찾아 본다면 더 좋다. 인생이 풍성해지고 생각도 깊고 넓어진다. 그 안에서 아이가 나름의 동기를 찾을지도 모르는 일이다.

몸도 마음도 건전하게 만드는 것이 6학년 때 해야 할 일이다.

공부는 아이가 마음먹고 하면 되는 것이다. 마음먹기가 힘들고 그 마음을 유지하기가 또 어렵다. 5학년 때까지의 수학을 별 무리 없이 따라왔다면 6학년 수학은 쉽게 할 수 있다. 5학년 과정이 약간 심화된 것이 6학년 학습이라고 생각하면 된다. 5학년 수학을 꼼꼼하고 세밀하게 연습했다면 6학년 과정은 가볍게 넘어갈 수 있다.

6학년 겨울방학 수학 학습

전환점이 되는 시간들이 있다.

초등학교 6학년 겨울, 중학교 3학년 겨울, 고등학교 1학년 겨울은 어떻게 보내느냐에 따라 그 후 크게 도약할 수도 좌절할 수도 있는 시간이다. 그 첫 번째가 초등학교 6학년 겨울방학이다.

중학교에 가면 초등학교보다 학습량이 훨씬 많아진다. 책의 두께부터 달라진다. 방학 동안 예습하지 않고 중학생이 되면 따라가기가 쉽지 않다.

중학교 1학년 수학책을 펼치면 〈문자와 식〉이 나온다. 이제는 사용해야 하는 약속된 기호이므로 익숙해져야 한다.

중학교 과정도 단원별로 끊어서 학습 가능한 부분이 있고 기존에 배운 개념을 심화 학습하는 단원이 있다. 독립된 단원은 놓치더라도 마음먹고 열심히 하면 쉽게 따라 잡을 수 있지만 연계 심화 학습하는 단원은 한번 결손이 일어나면 그 단원만의 문제가 아니게 된다. 중학교 과정은 2학기 과정이 독립된 단원이다.

1학년, 2학년, 3학년 수학의 1학기 과정은 긴밀하게 연결되어 있다. 모두 방정식과 함수를 가르친다. 방정식은 1학년 때는 문자가 하나인 1차방정식, 2학년 때 문자가 두 개인 2원 1차방정식(연립방정식), 3학년 때 2차방정식(인수분해)을 배운다. 함수는 1학년 때 정비례, 반비례 함수, 2학년 때 1차 함수, 3학년 때 2차 함수를 배운다. 그러니 1학년의 방정식, 함수를 익히지 못했다면 2학년 방정식, 함수도 당연히 못한다. 또 함수도 방정식을 할 줄 알아야 할 수 있다. 그래서 아이는 적어도 방정식, 함수 부분은 결손 학습이 생기지 않게 공부하고 또 공부하여야 한다. 1학기 학기말 1차방정식의 활용 문제가 나오면서 수학을 잘하는 아이와 못하는 아이로 확연히 갈라지게 된다.

아이들 중학교 입학식을 가면 모두가 눈망울이 초롱초롱하다. 우리 아이 성적이 제일 뒤처지지나 않을까 걱정도 된다. 모두들 학원과 과외를 통해 어느 정도 예습을 해 왔으니 다들 너무 잘 할 것만 같다.

실제로 이 즈음 선행 학습이 본격적으로 시작된다. 2, 3년씩 진도를 앞서 나가는 아이들을 보면 엄마는 초조해지기도 한다. 하지만 아이가 월등히 뛰어나지 않은 한 많은 선행은 큰 의미가 없다. 일견 따라오는 것 같아도 흉내만 내고 있는 경우가 대부분이다. 그 시간에 새로운 개념을 정확히 숙지하도록 하고 활용 문제도 어림짐작하지 않고 이해하고 풀게 해야 한다.

1학년 때 배우는 1차방정식의 활용 문제와 2학년 때 배우는 연립방정식의 활용 문제는 개념이 같다.

이렇게도 풀 수 있고 저렇게도 풀 수 있을 따름이다.

예를 들어 보자.

Q. 농도 8%의 소금물과 농도 5%의 소금물을 섞어서 농도 6%의 소금물 300g을 만들었다. 농도 8%의 소금물은 몇 g을 섞었는가?

같은 문제에 대해서 중학교 1학년과 2학년은 풀이가 다르다.

1학년

1학년 때는 8%의 소금물의 양을 x로 둔다.

$$\frac{8}{100}x + \frac{5}{100}(300 - x) = \frac{6}{100} \times 300$$

$$8x + 1500 - 5x = 1800$$

$3x = 300$

$x = 100\text{g}$

$\therefore 8\% : 100\text{g}$

$\quad 5\% : 300 - 100 = 200\text{g}$

2학년

2학년 때는 8%의 소금물과 5%의 소금물을 모두 문자로 둔다.

$x\text{g} + y\text{g} = 300\text{g}$

$x + y = 300$

$\dfrac{8}{100}x + \dfrac{5}{100}y = \dfrac{6}{100} \times 300$

$8x + 5y = 1800$

$5x + 5y = 1500$

$3x = 300$

$\therefore x = 100\text{g}$

$\quad y = 200\text{g}$

1학년은 한 개의 문자로, 2학년은 두 개의 문자로 풀었을 뿐 개념은 똑같다. 그러니 자꾸 선행하여 나가려 하지 말고 자기 학년의 학습을 탄탄히 하는 것이 더 쉽게 갈 수 있는 방법이다. 아무리 잘하는 아이라도 1년 이상의 선행은 항상 무리함이 뒤따른다. 보통의 경우 6학년 겨울방학 동안 1학년 1학기에 배우게 될 문자가 하나인 1차방정식의 활용 문제까지는 예습하는 것이 좋다.

초등수학 용어와 기호, 도형의 정의

수학에서 정의는 약속이다.

아이가 물어 오면 교과서에 있는 그대로 일러 주고 외워 두게 해야 한다. 특히 도형의 정의는 바뀌는 게 아니니 중학교에서도 초등학교 때 배운 것과 똑같고 잘 알고 있으면 도움이 된다.

초등학교 1~2학년군

1. 수와 연산
덧셈(+), 뺄셈(−), 곱셈(×), 짝수, 홀수, =, 〉, 〈

2. 도형
꼭짓점, 변, 원, 삼각형, 사각형, 오각형, 육각형

3. 측정
시, 분, 약, cm, m

4. 확률과 통계
표, 그래프

2학년 2학기

1m(미터) = 100cm(센티미터)

1분: 시계에서 긴바늘이 가리키는 작은 눈금 한 칸

오전: 0시부터 낮 12까지

오후: 낮 12시부터 밤 12시까지

초등학교 3~4학년군

1. 수와 연산

자연수, 분수, 분자, 분모, 단위분수, 진분수, 가분수, 대분수, 소수, 나
눗셈(÷), 몫, 나머지, 나누어떨어진다, 소수점

2. 도형

직선, 선분, 반직선, 각, 각의 꼭짓점, 각의 변, 직각, 예각, 둔각, 수직,
수선, 평행, 평행선, 원의 중심, 반지름, 지름, 이등변삼각형, 정삼각형,
직각삼각형, 예각삼각형, 둔각삼각형, 직사각형, 정사각형, 사다리꼴,
평행사변형, 마름모, 다각형, 정다각형, 대각선

3. 측정

초, 도(°), mm, km, mL, L, g, kg

4. 확률과 통계

그림그래프, 막대그래프, 꺾은선그래프

3학년 1학기

수와 연산

나눗셈식: 8÷2=4와 같은 식. 4는 8을 2로 나눈 몫

$\frac{2}{3}$: 전체를 똑같이 3으로 나눈 것 중의 2

분수: $\frac{1}{2}$, $\frac{2}{3}$, $\frac{3}{4}$과 같은 수

분모 : 분수에서 가로 선의 아래쪽에 있는 수

분자 : 분수에서 가로 선의 위쪽에 있는 수

단위분수 : $\frac{1}{2}$, $\frac{1}{3}$, $\frac{1}{4}$ …과 같이 분자가 1인 분수

$\frac{1}{10}$: 전체를 똑같이 10으로 나눈 것 중의 하나. $\frac{1}{10}$ = 0.1

소수 : 0.1, 0.2, 0.3과 같은 수

소수점 : 0.1에서 '.'을 소수점이라 한다.

도형

선분 : 두 점을 곧게 이은 선

반직선 : 한 점에서 한쪽으로 끝없이 늘인 곧은 선

직선 : 양쪽으로 끝없이 늘인 곧은 선

각 : 한 점에서 그은 두 반직선으로 이루어진 도형

직각 : 종이를 반듯하게 두 번 접었다 펼쳤을 때 생기는 각

직각삼각형 : 한 각이 직각인 삼각형

직사각형 : 네 각이 모두 직각인 사각형

정사각형 : 네 각이 모두 직각이고 네 변의 길이가 모두 같은 사각형

측정

1초 : 초바늘이 작은 눈금 한 칸을 지나는 데 걸리는 시간

1mm(밀리미터) : 1cm를 열 칸의 똑같은 작은 눈금으로 나눈 것 중의
한 칸의 길이

3학년 2학기

수와 연산

나누어떨어진다 : 나눗셈식에서 나머지가 0일 때

진분수 : 분자가 분모보다 작은 분수

가분수 : 분자가 분모와 같거나 분모보다 큰 분수

자연수 : 1, 2, 3과 같은 수

대분수 : 자연수와 진분수로 이루어진 분수

도형

원의 중심 : 원의 가장 안쪽에 있는 점

원의 반지름 : 원의 중심과 원 위의 한 점을 이은 선분

원의 지름 : 원의 중심을 지나는 원 위의 두 점을 이은 선분

측정

1mL(밀리리터) : 변의 길이가 1cm인 정육면체 만큼의 물

1L(리터) : 한 변이 10cm인 정육면체 그릇에 담을 수 있는 양

1g(그램) : 물 1mL의 무게

1kg(킬로그램) : 물 1리터의 무게

1t(톤): 1000kg

자료와 가능성

그림그래프 : 조사한 수를 그림으로 나타낸 그래프

4학년 1학기

도형

각도 : 각의 크기

1도(1°) : 직각을 똑같이 90으로 나눈 하나

예각 : 각도가 0도 보다 크고 직각보다 작은 각

둔각 : 각도가 직각보다 크고 180도보다 작은 각

예각삼각형 : 세 각이 모두 예각인 삼각형

둔각삼각형 : 한 각이 둔각인 삼각형

이등변삼각형 : 두 변의 길이가 같은 삼각형

정삼각형 : 세 변의 길이가 같은 삼각형

자료와 가능성

막대그래프 : 조사한 수를 막대 모양으로 나타낸 그래프

4학년 2학기

측정

이상 : 크거나 같은 수

이하 : 작거나 같은 수

초과 : 큰 수

미만 : 작은 수

올림 : 구하려는 자리 미만의 수를 올려서 나타내는 방법

버림 : 구하려는 자리 미만의 수를 버려서 나타내는 방법

반올림 : 구하려는 자리 바로 아래 자리의 숫자가 0, 1, 2, 3, 4이면 버

리고, 5, 6, 7, 8, 9이면 올리는 방법

도형

수직 : 두 직선이 만나서 이루는 각이 직각일 때, 두 직선은 서로 수직

이라 한다.

수선 : 두 직선이 서로 수직으로 만나면 한 직선을 다른 직선에 대한

수선이라 한다.

평행 : 서로 만나지 않는 두 직선은 평행한다.

평행선 : 평행한 두 직선

평행선 사이의 거리 : 평행선의 한 직선에서 다른 직선에 그은 수선의

길이

사다리꼴 : 평행한 변이 한 쌍이라도 있는 사각형

평행사변형 : 마주 보는 두 쌍의 변이 서로 평행한 사각형

마름모 : 네 변의 길이가 모두 같은 사각형

다각형 : 선분으로만 둘러싸인 도형(다각형은 변의 수에 따라 삼각형, 사각

형, 오각형으로 부른다.)

정다각형 : 변의 길이가 모두 같고 각의 크기가 모두 같은 다각형

대각선 : 다각형에서 이웃하지 않은 두 꼭짓점을 이은 선분

자료와 가능성

꺾은선그래프 : 연속적으로 변화하는 양을 점으로 찍고 그 점들을 선

분으로 연결하여 나타낸 그래프

초등학교 5~6학년군

1. 수와 연산
약수, 배수, 공약수, 최대공약수, 공배수, 최소공배수, 약분, 통분, 기약
분수
2. 도형
합동, 대칭, 대응점, 대응변, 대응각, 선대칭도형, 점대칭도형, 대칭축,
대칭의 중심, 직육면체, 정육면체, 면, 모서리, 밑면, 옆면, 겨냥도, 전
개도, 각기둥, 각뿔, 원기둥, 원뿔, 구, 모선
3. 측정
가로, 세로, 밑변, 높이, 원주, 원주율, cm^2, m^2, km^2, cm^3, m^3
4. 규칙성
비(:), 기준량, 비교하는 양, 비율, 백분율(%), 비례식, 비례배분
5. 확률과 통계
평균, 가능성, 띠그래프, 원그래프

5학년 1학기

수와 연산

약수 : 어떤 수를 나누어떨어지게 하는 수

배수 : 어떤 수를 1배, 2배, 3배 … 한 수

공약수 : 두 수의 공통인 약수

최대공약수 : 두 수의 공약수 중에서 가장 큰 수

공배수 : 두 수의 공통인 배수

최소공배수 : 두 수의 공배수 중에서 가장 작은 수

약분 : 분모와 분자를 그들의 공약수로 나누어 간단히 만드는 것

기약분수 : 분모와 분자의 공약수가 1뿐인 분수

통분 : 분수의 분모를 같게 하는 것

공통분모 : 통분한 분모

도형

직육면체 : 직사각형 모양의 면 여섯 개로 둘러싸인 도형

면 : 네모 상자 모양에서 선분으로 둘러싸인 부분

모서리 : 면과 면이 만나는 선분

꼭짓점 : 모서리와 모서리가 만나는 점

직육면체의 겨냥도 : 보이는 모서리는 실선으로, 보이지 않는 모서리는 점선으로 그린 직육면체

정육면체 : 정사각형 모양의 면 여섯 개로 둘러싸인 도형

직육면체의 전개도 : 직육면체를 펼쳐서 잘리지 않은 모서리는 점선, 잘린 모서리는 실선으로 나타낸 것

밑변 : 밑변은 도형별 정의를 알아보아야 한다.

※ 평행사변형에서 평행한 두 변을 밑변, 두 밑변 사이의 거리를 높이라 한다. 삼각형에서 한 변을 밑변이라고 하면 밑변과 마주보는 꼭짓점에서 밑변에 수직으로 그은 선분을 높이라고 한다. 사다리꼴에서 평행한 두 변을 밑변이라 하고, 밑변을 위치에 따라 윗변, 아랫변이라고

한다. 두 밑변 사이의 거리를 높이라고 한다.

측정

1㎠(제곱센티미터): 한 변이 1cm인 정사각형의 넓이

1㎡(제곱미터): 한 변이 1m인 정사각형의 넓이 = 10000㎠

5학년 2학기

도형

합동: 모양과 크기가 같아서 포개었을 때 완전히 겹쳐지는 두 도형

대응점: 합동인 두 도형을 완전히 포개었을 때 겹쳐지는 점

대응변: 합동인 두 도형을 완전히 포개었을 때 겹쳐지는 변

대응각: 합동인 두 도형을 완전히 포개었을 때 겹쳐지는 각

선대칭도형: 한 직선을 따라 접어서 완전히 겹쳐지는 도형(대칭축이 도

형 안에 있다.)

대칭축: 완전히 겹쳐지게 만드는 직선

점대칭도형: 한 도형을 한 점을 중심으로 180°돌렸을 때 처음 도형과

완전히 겹쳐지는 도형(대칭의 중심이 도형 안에 있다.)

자료와 가능성

평균: 각 자료의 값을 모두 더하여 자료의 수로 나눈 값

(평균)=(자료 값의 합)÷(자료의 수)

가능성: 어떠한 상황에서 특정한 사건이 일어나길 기대할 수 있는 정

도. 가능성을 0, $\frac{1}{4}$, $\frac{1}{2}$, $\frac{3}{4}$, 1과 같은 수로 표현할 수 있다.

그림그래프 : 조사한 수를 그림으로 나타낸 그래프

6학년 1학기

도형

각기둥 : 위와 아래에 있는 면이 평행이고 합동인 다각형으로 이루어
진 입체도형

각기둥의 밑면 : 각기둥에서 서로 평행하고 나머지 다른 면에 수직인
두 면

각기둥의 옆면 : 각기둥에서 밑면에 수직인 면(각기둥은 밑면의 모양에 따
라 삼각기둥, 사각기둥…이라고 한다.)

모서리 : 각기둥에서 면과 면이 만나는 선분

꼭짓점 : 모서리와 모서리가 만나는 점

높이 : 두 밑면 사이의 거리

각뿔 : 밑면은 다각형이고, 옆면이 삼각형인 뿔 모양의 입체도형(각뿔은
밑면의 모양에 따라 삼각뿔, 사각뿔, 오각뿔…이라고 한다.)

각기둥의 전개도 : 각기둥의 모서리를 잘라서 펼쳐 놓은 그림

규칙성

비 : 두 수를 나눗셈으로 비교할 때 기호 ' : '을 사용한다.

7 : 1은 7이 1을 기준으로 몇 배인지를 나타내는 비

7 : 1에서 ' : '의 왼쪽에 있는 7이 비교하는 양이며, 오른쪽에 있는 1이

기준량이다.

비율=비교하는 양 ÷ 기준량

백분율(%) : 비율에 100을 곱한 값

속력 : 단위시간에 간 평균 거리. 속력=간 거리 ÷ 걸린 시간

인구밀도 : 1㎢에 사는 평균 인구

인구 밀도 = 인구 ÷ 넓이(㎢)

용액의 진하기 : 용액의 양에 대한 용질의 양의 비율

용액의 진하기=용질의 양 ÷ 용액의 양

측정

1㎤(1세제곱센티미터) : 한 모서리가 1cm인 정육면체의 부피

1㎥(1세제곱미터) : 한 모서리가 1m인 정육면체의 부피

원주(원둘레) : 원의 둘레

원주율 : 원의 지름에 대한 원주의 비의 값. 원주 ÷ 지름 = 약 3.14

원의 넓이 : 원주의 $\frac{1}{2}$ × 반지름 = 반지름 × 반지름 × 3.14

6학년 2학기

규칙성

비례식 : 비율이 같은 두 비를 등호를 사용하여 나타낸 식

비 2:3에서 ':' 앞에 있는 2를 전항, 뒤에 있는 3을 후항이라 한다.

비례식 2:3 = 4:6에서 바깥쪽에 있는 두 항 2와 6을 외항, 안쪽에

있는 두 항 3과 4를 내항이라고 한다.

비례배분 : 전체를 주어진 비로 배분하는 것

정비례 : 두 양 x, y에서 x가 2배, 3배, 4배…로 변함에 따라 y도 2배, 3배, 4배…로 변하는 관계

비례상수 : x와 y가 정비례할 때 $y=2x$, $y=3x$, $y=4x$…와 같이 나타낼 수 있다. 이때 일정한 값 2, 3, 4…를 비례상수라 한다.

반비례 : 두 양 x, y에서 x가 2배, 3배, 4배…로 변함에 따라 y도 $\frac{1}{2}$배, $\frac{1}{3}$배, $\frac{1}{4}$배…로 변하는 관계

비례상수 : x와 y가 반비례할 때 $xy=2$, $xy=3$, $xy=4$,…와 같이 나타낼 수 있다. 이 때 일정한 값 2, 3, 4…를 비례상수라 한다.

도형

원기둥 : 둥근기둥 모양의 도형

원기둥의 밑면 : 원기둥에서 서로 평행하고 합동인 두 면

원기둥의 옆면 : 원기둥에서 옆을 둘러싼 굽은 면

원기둥의 높이 : 원기둥에서 두 밑면에 수직인 선분의 길이

원뿔 : 둥근 뿔 모양의 도형

원뿔의 꼭짓점 : 원뿔의 뾰족한 점

모선 : 원뿔의 꼭짓점과 밑면인 원의 둘레의 한 점을 잇는 선분

높이 : 원뿔의 꼭짓점에서 밑면에 수직인 선분의 길이

구 : 공 모양의 도형

구의 중심 : 구의 가장 안쪽에 있는 점

구의 반지름 : 중심에서 구의 표면의 한 점을 잇는 선분

확률과 통계

띠그래프 : 전체에 대한 각 부분의 비율을 띠 모양으로 나타낸 그래프

원그래프 : 전체에 대한 각 부분의 비율을 원 모양으로 나타낸 그래프

| 초등학교 1~3학년 꼭 확인해야 할 교과서 내용 |

	1학년	2학년	3학년
수 와 연 산	**1학기** • 50까지의 수 • 간단한 수의 덧셈과 뺄셈 • 덧셈식을 보고 뺄셈식 만들기 • □이 있는 덧셈식과 뺄셈식 만들기 • 짝수, 홀수 **2학기** • 100까지의 수 • 두 자릿수의 덧셈과 뺄셈(받아올림, 받아내림 없음) • 10 가르기와 모으기 • $12-7=10-7+2$와 $12-7=12-2-5$의 이해	**1학기** • 세 자릿수 • 1000까지의 수 이해 • 받아올림, 내림이 있는 두 자릿수의 덧셈과 뺄셈 • 세 자릿수의 덧셈과 뺄셈 • 덧셈과 뺄셈의 관계 • 어떤 수를 □로 나타내어 계산하기 • 곱셈 (묶어 세기, 몇씩 몇 묶음, 몇의 몇 배) **2학기** • 네 자릿수 • 곱셈구구	**1학기** • 세 자릿수의 덧셈과 뺄셈 • 곱셈(두 자릿수 × 한 자릿수) 예: $47×3$ • 나눗셈(두 자릿수÷한 자릿수: 구구의 역) • 분수의 이해 • 단위분수, 분모가 같은 분수의 크기 비교 • 소수($\frac{1}{10}=0.1$)의 이해 **2학기** • 곱셈(세 자릿수 × 한 자릿수, 두 자릿수 × 두 자릿수) • 나눗셈 나머지가 없는 두 자릿수÷한 자릿수 예: $48÷3$ • 나머지가 있는 두 자릿수÷한 자릿수의 몫과 나머지 예: $98÷4$ • 분수 진분수, 가분수, 대분수 • 분수의 덧셈과 뺄셈 예: $\frac{5}{12}+\frac{6}{12}$, $\frac{15}{12}-\frac{7}{12}$
도 형	**1학기** • 입체도형의 모양 (상자모양, 둥근기둥 모양, 공모양) **2학기** • 평면도형의 모양 (○, □, △)	**1학기** • 원, 삼각형, 사각형, 오각형, 육각형 • 꼭짓점, 변 • 칠교판	**1학기** • 직선, 반직선, 선분 • 각, 직각 • 직각삼각형 • 직사각형, 정사각형 • 평면도형 밀기, 뒤집기, 돌리기 • 펜토미노 조각 놀이

도형			2학기 • 원(원의 중심과 반지름, 지름) • 컴퍼스로 원 그리기
측정	1학기 • 길다, 짧다 • 높다, 낮다 • 크다, 작다 • 무겁다, 가볍다 • 넓다, 좁다 • 많다, 적다 2학기 • 몇 시, 몇 시 30분	1학기 • 단위길이 • 1cm 2학기 • 1m=100cm • 시각과 시간	1학기 • 1분보다 작은 단위: 초 • 1cm=10mm 1km=1000m • 시간의 덧셈과 뺄셈 • 길이의 덧셈과 뺄셈 2학기 • 들이와 무게 • 1L=1000mL 1kg=1000g • 들이의 덧셈과 뺄셈 • 무게의 덧셈과 뺄셈
확률과 통계	1학기 • 한 가지 기준으로 사물 분류하기	1학기 • 기준에 따라 분류하기 2학기 • 표 만들기 • 그래프 그리기	2학기 • 자료의 정리, 자료의 특성 (간단한 그림그래프)
규칙성	2학기 • 규칙 찾기	2학기 • 규칙 찾기	2학기 • 규칙 찾기 • 규칙과 대응

| 초등학교 4~6학년 꼭 확인해야 할 교과서 내용 |

	4학년	5학년	6학년

수와 연산	**1학기**
	• 다섯 자리 이상의 수 (만, 억, 조)
	• 곱셈(세 자릿수×두 자릿수)
	  예: 236×27
	• 나눗셈(두 자릿수÷두 자릿수, 세 자릿수÷두 자릿수)
	  예: 87÷36, 448÷62
	• 검산하기
	• 자연수의 혼합 계산
	• 분모가 같은 분수의 덧셈과 뺄셈
	
	2학기
	• 소수(소수 두 자릿수, 소수 세 자릿수)
	• 소수의 덧셈과 뺄셈(소수 두 자릿수의 범위)
		1학기
		• 약수와 배수
		• 약분과 통분
		• 분모가 다른 분수의 덧셈과 뺄셈
		• 분수의 곱셈
		
		2학기
		• 소수의 곱셈
		• 분수의 나눗셈
		• 소수의 나눗셈
			1학기
			• 분수의 나눗셈
			• 소수의 나눗셈
			
			2학기
			• 분수와 소수의 계산

도형	**1학기** • 각과 여러 가지 삼각형(예각, 둔각, 예각삼각형, 둔각삼각형, 이등변삼각형, 정삼각형) **2학기** • 수직과 평행 • 다각형의 이해(사다리꼴, 평행사변형, 마름모, 다각형, 정다각형, 대각선)	**1학기** • 직육면체와 정육면체의 성질(전개도와 겨냥도) **1학기** • 합동 • 선대칭도형, 점대칭도형	**1학기** • 각기둥과 각뿔의 성질 **2학기** • 원기둥과 원뿔의 성질 • 입체도형의 공간 감각

측정	**1학기** • 각도(각도기를 이용하여 각의 크기 측정) **2학기** • 어림하기 • 수의 범위 　(이상, 이하, 초과, 미만) • 반올림, 올림, 버림	**1학기** • 다각형의 넓이 직사각형의 둘레 / 직사각형의 넓이 / 평행사변형의 넓이 / 삼각형의 넓이 / 사다리꼴의 넓이 / 마름모와 다각형의 넓이 • $1cm^2$, $1m^2$(단위와 넓이) **2학기** • 무게와 넓이의 　여러 가지 단위 　(1a, 1ha, $1km^2$, 1t)	**1학기** • 원주율과 원의 넓이 • 정육면체,직육면체의 　겉넓이와 부피 **2학기** • 원기둥의 겉넓이와 부피
확률과 통계	**1학기** • 막대 그래프 **2학기** • 꺾은선 그래프 　(물결선)	**2학기** • 자료의 표현 • 평균과 가능성 • 그림그래프	**2학기** • 비율그래프 　(띠그래프, 원그래프)
규칙성	**2학기** • 규칙 찾기 • 규칙과 대응	• 하나의 문제를 　여러 가지 방법으로 　이해하기	**1학기** • 비와 비율, 백분율 **2학기** • 비례식과 비례배분 • 정비례와 반비례

5장

성적을
받치는 것들

아이를 키우며
다시 크는 부모

●

교육 관련 책은 읽으면 읽을수록 더 미로로 빠져드는 느낌이다. 명쾌해지기 보다는 고민이 더 많아진다.

아이를 키우는 것이 이렇게도 어려운 일이었나? 공부하는 것이 그렇게도 힘든 과정이었나? 공감이 되는 글도 있지만 그렇지 않은 글도 많이 있다.

그럼에도 불구하고 나는 부모님의 책 읽기를 권하고 싶다. 세상에 자기가 틀렸다고 생각하면서도 그 방법으로 아이를 키우는 사람은 없다. 모든 부모가 그렇게 하는 것이 최선이라고 생각해서 아이를 키우지만 그것이 아이에겐 독이 되는 경우가 종종 있다는 데 문제가 있다.

어릴 때 어른은 뭐든지 알고 뭐든지 할 수 있는 사람인 줄 알았다. 사고가 성숙해지고 지혜가 깊어져 항상 올바른 판단을 할 줄 아는 사람인 줄 알았다. 막상 내가 어른이 되고 보니 나이를 먹을수록 더 모르겠다. 더군다나 부모의 길은 그중에서도 어렵다. 어떤 판단을 해야 하며 어떻게 살아가라고 가르쳐야 할지 방향을 잡을 수가 없다.

어찌할 바를 모르겠는 상황이 닥친다면 적절한 책을 찾아 읽기를 권하고 싶다. 이 책 저 책 읽다 보면 다양한 사람들과 그들의 각기 다른 생각을 접하면서 내 생각이 잘못되었을 수도 있다는 것을 알게 되고 결국 내가 조금 더 클 수 있다.

아이와의 관계에서 갈등이 생긴다면 아이의 문제일 수도 있지만 나의 문제일 수도 있다. 아이뿐만 아니라 나도 변해야 한다.

아이가 변화하기도 어렵지만 내가 변화하기는 더 힘이 든다. 나는 아이보다 훨씬 긴 세월을 나의 아집 속에서 살았으므로. 하지만 노력하지 않으면 아이도 나도 행복할 수 없다. 어른을 변화시킬 수 있는 것은 책이라고 생각한다. 한 발짝 떨어져 나 자신과 상황을 바라볼 수 있게 된다.

누구나 한때는 아이였지만 어른이 되면 아이는 어떻게 생각하는지, 그 마음은 어떤 것인지 대부분의 사람들이 잊어버린다. 아이의 정신세계를 조금 알면 아이의 행동을 이해하고 받아들이기가 더 쉽다. 그래서 아이를 이해하기 힘든 엄마들에게는 이런 책들을 읽어 보길 권하고 싶다.

《신의진의 아이 심리백과》_신의진 저

《신의진의 초등학생 심리백과》_신의진 저

《불안한 엄마 무관심한 아빠》_오은영 저

부모가 행복해야 아이도 행복하다. 아이를 키우는 것은 목표를 정하고 목표를 위해 수단과 방법을 가리지 않고 전진하는 것이 아니라 아이와 더불어 행복하게 가다 보니 목표점에 도달하는 과정이 되어야 한다. 아래 책들은 읽으며 다시 아이를 키운다면 저렇게 키우고 싶다고 생각하게 한 글들이 많았다.

《아이와 함께 자라는 부모》_서천석 저

《바라지 않아야 바라는 대로 큰다》_신규진 저

《엄마 자격증이 필요해요》_서형숙 저

《행복한 부모가 세상을 바꾼다》_이나미 저

《엄마 수업》_법륜 스님 저

이런 책들을 아이를 키우는 중에 읽었더라면 육아의 질이 좀 더 향상되지 않았을까 하고 생각하게 된다.

예전에는 많은 사람들이 여러 형제자매 틈에서 부모가 일일이 돌

보지 않더라도 서로 돌봐 주며 자라났다. 아이를 키우며 일어나는 크고 작은 문제에 도움을 줄 어른도 가까이에 있었다.

이제는 그 도움을 책 속에서 찾아야 한다. 세상 다른 일들은 시행착오를 통해 배우게 되는 것도 있지만 우리 아이를 키우는 일은 시행착오를 겪으면 안 되기에 미리 조금은 준비하고 사전 지식도 가지고 시작할 필요가 있다.

독서가 주는
학습 안정감
●

책 읽는 습관은 오랜 시간에 걸쳐 만들어진다. 어릴 때부터 책장을 넘기며 같이 이야기하여야 아이의 상상력을 자극할 수 있고 사고의 폭 또한 넓혀 줄 수 있다. 책 읽는 소리를 통해 아이다운 꿈을 꾸게 만들어 주어야 한다.

아이가 책 속의 다양한 세상을 찾아 나가는 즐거움을 알게 되면 그때 독서는 의무(과제)가 아니라 재미있는 취미(놀이)가 된다.

아이가 불편함 없이 책을 읽는 능력이 생기기 전까지는 아이를 위해 책을 읽어 줄 사람이 필요하다. 동화구연을 하듯이 실감나게 읽어 주면 아이가 좋아할 것 같지만 의외로 아이는 가까이 지내는 사람의 평범한 목소리를 좋아한다고 한다.

아이가 원할 때 아무 때나 책을 읽어 줄 수 있는 환경이면 좋겠지만 그것 또한 쉽지 않은 일이다. 그래서 우리 아이들이 어릴 때 아이에게 책을 읽어 주며 녹음을 한 적이 있다. 녹음 중에 아이의 목소리도 들어갔다. 잡음도 섞였다. 나중에 책을 읽어 달라고 할 때 시간이 여의치 않으면 녹음된 목소리를 들려주었다. 아이가 무척 좋아했던 기억이 난다.

책을 읽어 줄 때 매번 똑같이 읽을 필요도 없다. 그때마다 상황에 맞게 떠오르는 생각을 다양하게 풀어 이야기해 주어도 좋다.

아이가 엄마, 아빠와 더불어 책을 읽는 즐거움을 알게 하면 된다.

한글을 익히고 아이가 책을 읽기 시작하여도 타인의 도움 없이 책이 주는 재미를 느끼며 책을 읽게 되기까지는 시간이 필요하다. 보통 3년 정도의 관심과 훈련이 필요한 것 같다. 처음에는 아이에게 맞는 책을 골라 읽어 주면 좋다. 혼자 읽기를 힘들어 하면 혼자 읽을 수 있을 때까지 도와주어야 한다. 글자를 읽을 수 있다고 책의 의미를 다 파악할 수 있는 것은 아니다. 엄마 아빠와 같이 읽어 본 책은 혼자 읽기도 쉬워진다. 아이들은 재미있게 읽은 책은 수없이 반복해서 읽는다.

명심해야 할 것은 시간이 걸린다는 것이다. 우리 아이들도 책 읽는 환경을 어릴 때부터 만들어 주었지만 초등학교 3학년이 되어서야 비로소 비교적 자유롭게 재미를 느끼며 책을 읽을 수 있었다. 조급해 하지 말자.

시중에 다양한 종류의 책이 나와 있다. 요즘은 다양한 학습만화가 대세를 이루고 있다. 과학도서는 만화로 된 것도 좋은 것 같다. 하지만 다른 도서는 줄글로 된 책을 읽도록 권하고 싶다. 만화로 된 책에 지나치게 노출되면 학년이 올라가도 줄글로 된 책을 읽는 데 어려움을 느끼게 된다.

개인적으로는 저학년 아이들이 독서록을 쓰는 것에 반대하는 입장이다. 어릴 적 책읽기는 책이 주는 교훈이나 지식에 대해 생각하게 만들기보다는 책을 좋아하게 만들고 책 읽는 것 자체를 즐기게 만드는 것이 더 중요하다고 생각한다. 뭔가를 정리해야 하고 질문에 답해야 한다면 책 읽는 즐거움이 반감된다.

다듬는 것은 많은 시간이 필요하지 않다. 어릴 땐 그냥 재미있게 읽다보면 자연스럽게 이해력도 저절로 자라난다. 꼭 뭔가를 물어보고 싶다면 알고 있는 지식을 체크하듯 묻지 말고 책이 어땠는지,

무엇이 재밌었는지 가볍게 이야기를 나눠 보면 어떨까.

엄마, 아빠의 책 읽는 모습도 반드시 보여 주어야 한다.

어떤 일이든 10년 내공이 쌓이면 1인자가 된다고 한다. 아이 키우는 일도 그러하다. 10년을 계획성 있게 정성스럽게 키우면 아무도 범접할 수 없는 내공을 지닌 아이로 성장해 있을 것이다.

물론 그 과정은 만만치 않다. 아이를 키우는 것이 참 힘든 일인 이유는 지식만 쏟아부어서도 안 되고 정서적 안정감과 사회성과 인성을 골고루 갖추게 만들어 주어야 하기 때문이다.

그 방법 중에 하나가 독서인 것도 분명한 사실이다.

책을 고를 때 아이가 책읽기를 즐겨 하기 전에는 되도록이면 전집을 구입하지 말고 아이 손을 잡고 서점으로 놀러 나가 한 권씩 고르기를 권하고 싶다. 그러면 엄마 아빠랑 같이 다니는 즐거움과 내가 고른 책을 읽는 즐거움이 보태져 책읽기가 더 즐거워진다. 책장 가득 꽂혀 있는 책은 부담감으로 다가올 가능성이 많다. 같이 나갈 시간이 없다면? 선택의 문제이긴 하지만 아이 키울 때는 아이 키우는 일을 최우선 순위로 두어야 하지 않을까 생각한다. 엄마, 아빠가 서로 스케줄을 조정하여 시간을 만들어야 한다.

우리 집 첫째 아이는 손을 잡고 나가 모은 책이 5단 책꽂이 두 개 분량은 되었다. 둘째 아이는 거의 누나가 사 모은 책을 읽었다. 아이들 성향의 차이도 있겠지만 책을 좋아하는 정도의 차이가 엄청 났다.

첫째 아이는 책을 엄청 사랑하는 아이로 자라났다. 아이의 인생을 바꾸는 데 책꽂이 두 개 정도를 채울 노력을 기울이면 도전할 만한 가치가 있지 않을까? 단언하건대 우리 집 첫째 아이를 키운 건 어릴 때 읽은 책꽂이 두 개만큼의 독서량이었다.

환경이
절반이다
●

돌봄교실에 나가 스무 명 정도의 아이들을 돌보다 보면 참 흥미롭다. 가만히 뭘 하나 하루 종일 지켜보고 있으면 각기 좋아하는 것들이 뚜렷하게 다르다. 레고, 조이픽스, 아이링고 만들기만 하루 종일 하는 애들도 있고 또래보다 월등히 잘 만드는 애들도 있다. 쉬지 않고 책만 읽는 애들도 있고 색종이 접기, 캐릭터 색칠 그림에 집중하는 애들도 있다.

교육환경이 참 무섭다는 생각이 드는 것이 이렇게 다른 아이들이 서로에게 물들며 변화해 간다는 것이다. 레고를 무척 좋아하는 친구와 놀게 되면 그 아이도 레고를 좋아하게 되고 색종이 접기를 잘하는 친구가 있으면 모두가 색종이 접기의 귀재가 되었다. 아이들은 무엇이든 자주 보고 시도하다 보면 익숙해지고 곧 잘하게 되었다.

줄넘기 한 개도 못하는 아이들도 매일 노는 시간에 줄넘기를 들려주고 먼저 줄넘기를 연습하고 놀라고 했더니 어느 순간 실력이 쑥쑥 늘어 앞으로, 뒤로, X자로 쌩쌩 돌리고 있다. 매일 수학 문제집 두 장 풀기 약속을 정하고 그 약속을 지키지 않으면 내가 하고 싶은 다른 것을 할 수 없다고 했더니 교실로 들어서자마자 문제집부터 찾아들곤 한다.

가정에서도 꼭 해야 하는 것은 항상 같은 패턴으로 하면 좋을 것 같다. 우리 집 아이들에게도 학교에서 돌아오면 그 즉시 순서대로 할 일을 정해 주었다.

1. 알림장 확인하고 숙제하기
2. 수학 문제집 약속한 만큼 풀기(1~2장)

수학은 처음에는 집중적으로 어떻게 해 나가고 있는지 체크해야 한다. 하루도 빼먹으면 안 된다. 하지만 그 외의 숙제도 보아 받아

쓰기 등 할 일이 많다면 요령껏 수학 분량을 줄여 주는 게 좋다.

나머지는 강요해서는 안 된다. 잡고 가르치는 대신 다른 방식으로 유도해야 한다. 놀이의 개념으로 접근하면 된다. 약속한 것은 무조건 해야 하는 것이고 다른 것들은 적당한 보상도 해 주면 좋다.

아이는 처음에는 부모가 다듬는 대로 만들어진다. 어느 순간이 지나면 부모가 아이를 키우기도 하지만 아이 스스로도 성장한다. 부모는 큰 방향만 잡고 아이가 제힘으로 크는 비중을 높여야 아이도 부모도 편하다. 그래서 처음에 좋은 방향을 잡아 주는 것이 더욱 중요하다.

어떻게 하는 것이 좋은지 몰라서 못 하는 아이도 있다. 아이에게 긍정적인 자극을 주도록 애써야 한다. 우리 아이가 운동선수가 되게 하고 싶으면 아이가 운동장에서 뛰는 것을 좋아하는지 파악하고 운동장 문화에 익숙해지게 해야 하고 공부에 욕심이 있다면 도서관 문화에 익숙해지게 하는 것이 앞으로 나아가는 데 유리하다.

고기도 먹어 본 사람이 먹는다고 도서관 문화가 뭔지 모른다면 고요함을 즐기며 책을 찾아 읽고 공부할 수 없다. 몰두하는 사람들 사이의 경건함 속에서 편안할 수도 없다.

아이가 스스로 성장하고 선택하게 되었을 때도 올바른 방향으로 가도록 하고 싶다면, 전 단계에서 아이가 좋은 영향력에 많이 노출

되도록 노력하자. 아이와 도서관에 함께 갈 때면 맛있는 음식도 잔뜩 싸서 중간중간 간식도 먹고 책 읽고 이야기도 한다면 어떨까? 도서관에서 노는 것도 익히고 나면 재미있다.

아이는 생각보다 훨씬 더 빨리 커 버린다. 내가 할 수 있을 때 최선을 다해야 한다. 엄마도 따로 하고 싶은 일이 있고 쉬고 싶은 마음이 들기 마련이다. 하지만 아이는 자주 접하는 것에 자연스럽게 익숙해진다. 아이가 어릴 땐 동네 도서관으로 놀러 다니기를 실천하면 내 마음 또한 가다듬을 수 있다.

돌이켜 생각해 보면 아이를 키우는 20년 정도는 아무 것도 안 하고 산 것 같다. 아이, 회사, 주일날 성당 미사가 내 동선의 전부였다. 머릿속에도 항상 아이들 생각으로만 가득 차 있었다. 새로운 정보를 접하면 한번쯤은 우리 아이에 맞게 변형하여 실천하려 하였다. 그리고 그것이 우리 아이에게 맞는다 싶으면 꾸준히 몸에 익숙해지게 하려 노력하였다.

20년의 세월도 정말 금방이었다. 20년의 세월이 지나고 나니 나는 동네에서 제일 편한 아줌마가 되어 있었다. 아이 키울 때 못 한 일들을 그 이후 10년 동안 매일매일 놀면서 하는 중이다.

영어도
하루 2장부터 시작

●

독서 취미만으로 국어는 거의 해결된다. 영어나 다른 과목은 또 다른 문제다. 하지만 우리 아이들의 접근 방법은 수학과 다를 것 없었다.

영어 공부를 언제 시작해야 하느냐에 대한 논의는 정답은 없는 것 같다. 우리 집 첫 애의 경우에는 초등학교 3학년 11월부터 학습지 영어를 시작하여 중학교 2학년까지 5년 정도 학습했다. 그리고 고등학교 1학년 때 일주일에 한 번 가는 영어 단과학원을 5~6개월 다녔다.

그것이 영어 사교육의 전부였다. 그 이후의 영어 교육은 학교에서 배웠다. 우리 아이는 공대를 갔기 때문에 문과보다는 영어에 대한 부담이 적었기는 하지만 그 정도로도 충분했던 것 같다.

지금 우리 아이는 회사에서 6개월 과정으로 미국 연수를 가 있다. 물론 영어를 좀 더 잘했으면 더욱 좋았겠지만 지금도 큰 불편은 없다고 한다. 우리 아이가 영어를 시작한 초등학교 3학년 후반쯤에 수학 기본기는 어느 정도 닦여 있었다. 매일 두 장씩 공부하니 문제를 푸는 속도도 엄청 빨라져 있었다. 그래서 영어를 추가해도 학습 시간은 처음 수학만 할 때나 비슷하였다. 영어 학습도 하루에 10~15분을 넘어가지 않게 하였다.

영어 학습도 지속성의 문제인 것 같다. 같이 영어 학습지를 시작한 친구 딸은 초반에 진도를 몰아치다가 너무 과다한 학습량으로 지쳐 1년을 넘기지 못하고 그만두고 좋다는 이 학원 저 학원을 전전하며 어렵게 학습을 이어 갔다. 반면 우리 아이는 매일 10분 정도 대충하는 듯 보였으나 세월이 보태지니 점점 영어의 고수가 되어 가고 있었다.

사라져 버린 시간
12월 ~ 2월
●

12월 초가 되면 학교의 중요한 학사 일정이 대부분 끝난다. 그 학년의 교과 진도는 거의 끝이 나고 수업 분위기도 느슨해진다. 아이들이 어찌할 바를 모르고 놀고 있는 모습이 보인다.

여유 있게 노는 것도 나쁘진 않지만 그 시간에 뭔가를 집중적으로 할 수 있으면 좋을 텐데 생각하게 된다.

이런 건 어떨까?

- 책 100권 읽기
- 한자 100개 외우기
- 전 학년의 수학 교과서 다시 풀어 보기 (6학년이라면 1학년~6학년까지)
- 영어 단어 100개 외우기
- 인근의 산 열 개 올라가 보기
- 매일 뎃생(크로키) 한 장 그리기
- 매일 줄넘기 100개씩 하기
- 매일 학교 운동장 달리기
- 매일 분리수거 하기, 청소하기, 설거지하기 등등

겨울마다 아이와 엄마가 이런 미션을 머리 맞대어 의논하여 정하고 실천해 보면 어떨까? 학교 공부와는 별개로 목표를 정하고 도달하는 재미를 알게 한다면 아이에게 어떤 학원을 다녀서 얻을 수 있는 것보다 더 큰 가르침을 줄 수 있다. 내친김에 엄마도 어떤 목표를 정해 같이 도전하면 더 좋을 듯하다.

무사히 그 과제를 끝내고 났을 때의 희열과 성취감이 좋다. 아이에게도 그런 감각을 느낄 기회를 만들어 주어야 한다.

그림 그리는 것을 좋아했던 아들은 초등학교 1학년 방학 내내 매일같이 크로키를 그렸다. 약속을 지킨 아들을 한껏 칭찬해 줬고 아들은 그만큼 그림 그리기를 더 좋아하게 됐다. 그때 취미가 붙어, 아들은 군대에서도 멋진 스케치를 그려 내곤 했다.

마음을
붙드는 교육
●

공부는 중요하다. 하지만 공부만을 생각하며 몰두하다 보면 마음이 메마르는 것도 드문 일은 아니다. 오래 공부하려면, 그리고 행복하게 살게 하려면 아이의 삶을 길게 보며 마음 또한 지적 능력 이상으로 성장하도록 북돋아 주어야 한다. 나는 봉사활동과 신앙생활이 그 방법이 될 수 있다고 생각한다.

봉사활동은 아이가 인성을 가꾸고 함께 살아갈 줄 아는 인간으로 자라는 시간이 될 수 있다. 처음에는 '점수' '스펙'을 목적으로 봉사활동을 시작해도 꾸준히 하다 보면 아이는 변화한다.

어릴 때부터 지속적인 봉사활동을 권하고 싶다. 내 이웃의 아픔도 느낄 수 있는 따뜻한 심성을 가진 아이. 나보다 약한 사람을 배려하는 바른 마음을 가진 아이로 키워야 한다. 당장은 손해를 보는 것 같아도 긴 안목으로 보면 남을 배려할 줄 모르는 사람의 주변에는 사람이 없다. 혼자서 살아갈 순 없다. 혼자서 할 수 있는 일도 없다. 혼자 연구만 하면 될 것 같은 과학자가 되어도 실제로는 팀워크가 중요하다.

가정에서도 서로에 대한 배려가 있다면 더할 나위 없이 행복해질 수 있다. 나에게 도움을 청하는 사람에 대한 최소한의 배려가 있는 심성을 가진 아이로 성장하게 해야 한다. 그래야 내가 늙어도 늙은 부모를 따뜻한 눈빛으로 바라볼 줄 아는 아이가 되는 것이다.

봉사는 아이가 직업을 간접 체험하고 자신에 대해서 더 잘 알아나가는 기회 또한 될 수 있다. 교사가 꿈인 아이는 동네마다 있는 지역아동센터에서 예쁘고 말 잘 듣는 아이 말고 사랑이 필요한 아이들을 다독거리고 감싸 안는 마음을 배운다면 어떨까. 의사가 꿈인 아이는 공부도 중요하지만 노인 복지관이나 장애인 복지관에서 늙고 병든 약한 사람을 보며 아픔에 공감하는 법도 배워야 하지 않을까?

그런 준비 후에 꿈을 이룬다면 아이의 삶이 행복하다. 설령 아이가 그때 꿈꾸던 길로 가지 못하게 된다 하더라도 마음이 따뜻한 사람의 세상이 마음이 팍팍한 이의 세상보다 훨씬 더 행복하다.

성당 미사는 솔직히 엄청 지루하다. 특히 아이들에게는.

우리 아들이 예닐곱 살 때 우리 가족은 계룡대 삼위일체 성당을 다녔다. 한 시간 정도 미사가 이어지는 동안 아들은 다리가 땅에 닿지도 않는 의자에 앉아 묵묵히 미사에 참여했다. 뒤에서 지켜보면서 기특하게도 잘 참는다는 생각을 하곤 했다.

아들이 최초로 인내를 배운 공간이 그 곳이 아닌가 생각한다. 일

적응에 집중하자! 1학년 신학기

어떤 것을 새롭게 시작하고 싶을 때 되도록이면 3월에는 시작하지 않는 것이 좋다. 특히 1학년 1학기 초는 피하자.

어른의 관점에서는 그 반대로 생각하기 쉽다. 오히려 1학년이 되었으니 가르치고 싶은 것도 많다. 하지만 새로운 환경에 적응하고 새 친구를 사귀는 것이 아이에게는 힘든 일이다.

3월 한 달은 친구들은 잘 사귀고 있는지, 학교가 아이에게 재미있는 공간이 되고 있는지 지켜봐 주어야 한다. 학교에서 돌아오면 힘들었지 하고 안아 주고 친구들과 즐거웠는지 물어봐 주고 잘할 수 있다 격려해 주며 1학년 첫 단추를 꿰어야 한다.

학교 학습 외에 뭔가를 시작하고 싶다면 방학 때부터 시작하는 것이 좋다.

주일에 한 번, 한 시간 동안은 꼼짝도 하지 않고 앉아 있는 연습이 되었던 것이다.

인생은 길고 늘 우리가 선택한 모습대로 살 수 있는 것은 아니다. 점점 우리 앞에 놓인 과제들은 어려워지고 부모조차 아이를 모든 괴로움에서 보호해 줄 수는 없다. 이럴 때 신앙은 어떻게 살아야 할지 방향을 제시해 주는 것 같다. 살아가는 매순간은 즐거움만 있는 것은 아니기에 더 소중하다. 아이에게도 아픔이 있고 혼란이 있고 두려움도 있을 것이다.

우리 가족에게 신앙은 적어도 일주일에 한 번은 바른 가치관으로 살 수 있게끔 마음을 다잡도록 해 주었다.

고등학교 3학년. 확실한 게 아무 것도 없는 불안한 그 시기에도 신앙은 나와 아이에게 많은 안정과 위로와 확신을 주었다.

내가 가진 종교가 어떤 종교이든, 신앙인답게 살아가는 것도 꼭 교육시켜야 되는 부분이라 생각한다. 신앙인의 관점이 아니라 세속적인 관점으로 보아도 실보다도 득이 많은 교육이다.

친구 성적이 올라야
내 실력도 쑥쑥 오른다

●

공부를 함에 있어 아이 옆에 있는 친구들은 아이가 물리쳐야 할 경쟁자가 아니다. 친구가 잘 되어야 내 아이의 실력이 쌓인다. 대충 공부하는 친구들 속에 싸여 있으면 만족하여 그 상황에 안주하게 되고 학교 등수는 오를지 모르지만 실력이 쌓이는 데는 도움이 되지 않는다.

친구가 열심히 공부하여 달려 나가면 내신에서는 다소 밀릴 수도 있지만 자극받아 쫓아가다 보면 같이 실력이 우뚝 솟아 있다.

고등학교 친구들은 좋을 때나 어려울 때나 평생을 삶의 동반자로 가게 될 가능성이 많다. 가진 정보를 싸매고 있지 말고 공부하는 방법을 공유하여 같이 성공할 수 있는 길을 찾아야 한다.

옆에 있는 아이의 친구 때문에 아이가 원하는 학교에 들어가지 못할 가능성은 없다. 아이의 경쟁자는 그 옆에 있는 친구가 아니라 전국에 흩어져 있는 6, 70만에 이르는 수험생들임을 아이가 명심할 수 있도록 도와주고 옆에 있는 친구와는 힘을 모으기를 바란다. 더욱이 엄마들이 주변 친구들 성적을 지나치게 의식하며 아이를 자극해서는 안 된다.

공부할 때 좋은 친구들의 존재는 학습에 있어 시너지를 일으키기도 한다. 주변에 행정고시에 붙은 선배가 있다. 어떻게 공부했냐고 물었더니 여섯 명이 스터디 그룹을 만들어 모든 정보를 공유하며 공부했다고 한다. 그 결과 그해 스터디원 중 다섯 명이 그 어렵다는 행시를 통과했고 다음 해 나머지 한 명도 붙는 쾌거를 이루어 냈다. 내가 먼저 내가 가진 것을 공유해야 친구도 자기 것을 내놓게 된다.

고등학교 시절이 힘든 것은 공부 자체도 힘이 들지만 불확실한 미래 앞에 있기 때문이기도 하다. 그럴 때 같은 상황에 놓여 있는 친구들은 서로에게 많은 위로가 된다.

아들은 스터디 그룹까지는 아니어도 야간 자율 학습 시간에 늘 같이 공부하는 친구들이 있었다. 모의고사를 치고 성적이 오르거나 내려가도 서로 열심히 하자고 격려해 주어 마음을 잡는 데 많은 도움이 되었다고 한다. 시험이 끝나는 날은 학교 앞에서 매운 불닭을 먹고 오곤 했다.

아직도 그 불닭 모임은 계속되고 있다.

학창 시절 경쟁에서 뒤처진다고 해서 인생에서 뒤처진다고 생각지는 않는다. 하지만 그 시절 흔들리고 포기하고 싶지만 잘 참고 끝까지 전진한 경험은 인생을 살아가는 데 긍정적인 에너지로 작용하리라 생각한다.

딸도 친구들을 도우며 오히려 도움받기도 했다. 과학고는 수학과 과학에 비교적 자신이 있는 친구들이 모이지만 그래도 수학을 어려워하는 친구들이 많았다. 딸은 신기하게도 수학을 참 잘했다. 고등학교 시절 가끔씩 학교를 방문하면 선생님의 칭찬이 이어졌다. 자기 공부하기도 바쁠 텐데 친구들이 쉴 새 없이 하는 질문에 짜증내지 않고 참 잘 답해 준다고 하였다. 그 말을 들은 날 딸에게 물어보았다.

"네 공부하는데 방해되지 않니?"

딸이 말하기를

"사실 조금 귀찮을 때도 있고, 하던 공부의 맥이 끊길 때도 있지만 결과적으론 내 수학 공부에도 도움이 돼."

자기는 알고 있지만 친구들이 이해하게끔 설명하기는 쉽지 않다. 친구들이 이해할 수 있는 설명 방법을 찾아 가면서 자기가 가지고 있던 개념을 보다 정확하게 인지하고 수학적 사고 능력도 키워 나갈 수 있었으리라 생각한다.

동생 수학 공부 봐 주기, 친구들의 수학 선생님 하기, 친한 친구끼리 스터디그룹 만들기 등은 적극적으로 권하고 싶은 방법이다.

수행평가에
연연하지 말자

●

우리 딸은 거의 음치 수준이다. 노래 부르기 수행평가는 매번 10점 정도의 감점은 기본이었다.

어느 해 음악 실기 시험에 엄청 많이 연습해 가기에 내심 조금은 나아졌겠지 기대했는데 친구 때문에 망했단다. 둘이서 같이 노래 부르는데 옆에 친구가 너무 못 불러서 도저히 음정을 잡을 수가 없었단다.

그런데 점수는 그 친구가 더 높았다. 왜 그렇냐고 했더니 그 친구는 엉터리이긴 했는데 엄청 큰 소리로 불렀고 딸아이는 목소리까지 모기 소리 만해서.

부르는 것과는 상관없이 듣고 즐기는 건 좋아해서 대학 가서도 교양 음악을 들었다. 중간고사 시험이 명곡 100곡을 듣고 곡명을 맞추는 것이었는데 그 시험이 끝나고 한동안 내가 안방에서 TV를 보고 있으면 광고에 나오는 음악의 곡명을 안다고 뛰어오곤 했다.

음악회도 다니고 음악을 사랑하는 아이로 자라서 고맙다.

취직을 하고 그 회사는 아침 회의 시간에 자기소개 겸 노래를 부르는 관례가 있었다. 딸 아이는 그 전날 노래 잘하는 친구와 〈보랏빛 향기〉를 연습해 갔다. 퇴근 하자마자 어떻게 되었냐고 물었더니 사람들이 말하기를

"인상에는 아주 남았다"고.

노래도 너무나도 성실하게 불렀다는.

팔방미인일 필요는 없다.

딸은 음악 실기를 빼고는 수행평가에서 감점되는 법이 없었다. 그래서 수행평가는 그냥 보너스로 주는 점수라고 생각하고 있었다. 그런데 아들을 키워 보니 그게 아니었다. 달라도 너무 달랐다.

우리 아들은 아들치고는 차분함에도 불구하고 수행평가 점수가 지필 시험의 평균을 까먹기 다반사였다. 한번은 미술 포스터 그리기 수행평가에서 11점을 감점 당해 왔다. 처음엔 제때 제출하지 않은 줄 알았다. 물어보니 제때 제출했다고 했다. 엄청 못 그렸구나 속상해 하며 지나갔다. 그리고 얼마 후 엄마들 모임에서 미술 수행평가가 학교에서 이루어지지 않고 숙제로 내 줘 몇몇 엄마들이 학

원 선생님의 도움을 받아 그려 간 것을 알고 무척 흥분했었다.

고교 비평준화 지역이어서 내신 성적에 예민하기도 하였다. 하지만 지금 돌이켜 보면 우리 아이는 우리 아이 실력에 맞는 점수를 받았을 뿐이고, 학원 선생님이 그려 줘서 좋은 점수를 받은 아이도 합산된 성적에는 크게 영향을 미치지는 못했다.

작은 것 하나에 목숨을 걸 듯 예민할 필요는 없다.

지나고 나서 생각하면 아무것도 아닌 것이 대부분이다.

모든 것에 다
관여할 필요는 없다
●

논술이 중요하다고 하니 독서 논술을 시켜야겠지. 집중력을 길러 준다고 하니 바둑학원을 보내야겠다. 운동을 잘하는 것도 좋으니 축구를 시키고, 대한민국에서 태어났으니 태권도는 기본적으로 할 수 있어야겠지. 체형을 바로잡기 위해서는 발레도 필요해.

영어, 수학은 필수지. 다른 아이들이 다 하는데 우리 아이만 안 하면 너무 불안해.

피아노는 어떡하나? 수영도 할 수 있어야 하는데. 미술은 어떡하지? 수행평가를 위해서는 미리 준비해야 한다고 하던데. 키 크는데는 줄넘기와 농구가 도움이 된다던데. 아참 줄넘기와 농구도 수행평가 종목이지. 할 게 너무나 많아. 어떡하지?

이런 이유들로 할 것을 선택하게 되면 실패하는 지름길이다. 모든 것을 다 잘하기에는 경제적, 시간적 한계가 있고 아이의 능력 역시 한계가 있다. 내 수입의 절반을 쏟아부어 아이를 가르치고 있으니 아이는 정말 잘 커 줄 거라고 기대하지만 아이는 절대로 잘 커 주지 않는다.

짓눌려 잘 클 틈이 없기 때문이다.

내가 하고 싶었던 것 말고, 내가 행복한 것 말고, 해서 아이가 행복한 것을 선택하여 시켜야 한다.

여기에서 또 선택과 집중의 문제가 나오는 것 같다.

늘 현명한 선택이 중요하다. 모든 것을 다 잘하게 하고 싶어도 아이가 원하는 것 하나, 놓치면 아이의 인생에 방해가 되는 것 하나 정도를 선택하여 꾸준히 시키는 것이 성공의 지름길이다. 늘 한두 개만 시키는 것이 효과적이다.

우리 집에서는 일단 그중 하나로 매일 수학 두 장을 선택했다.

꼭 수학일 필요는 없다. 영어라도 좋고 국어라도 좋다.

아이에게 예능적 재능이 있다면 미술도 좋고 음악도 좋다.

선택한 그 한 과목은 또래의 누구와 경쟁해도 차별화될 수 있게 열심히 공부하면 좋다. 그 과목이 일정 수준에 도달할 때까지는 거기에만 집중하는 것이 좋다. 어느 순간 가속도가 붙는 것도 느낄 수 있다. 시간의 힘도 필요하다. 긴 시간을 통해 빈 구석이 없이 촘촘하게 실력이 다져지는 것이다.

엄마도 모든 것에 다 관여할 수도 관여할 필요도 없다.

나의 인생이 아니고 아이의 인생인데 모든 걸 다 해 주어서는 안 된다. 아이 스스로 살아 내는 부분도 반드시 있어야 한다. 아이도 모든 걸 다 잘 하려면 지쳐서 포기하게 되고 엄마도 모든 걸 다 챙겨 주려다가 지쳐서 '대한민국에서 아이 공부시키기는 너무 힘들어' 하며 포기하게 된다.

한 과목 정도만 엄마가 관여하는 것이 좋다.

나머지는 방향만 제시하고 아이가 알아서 해내도록 해야 한다. 한 과목을 경쟁력 있는 수준으로 학습하다 보면 아이는 어떻게 공부하면 되는지 터득하게 된다. 그리고 나면 약간의 시행착오는 있겠지만 충분히 극복할 수 있게 된다.

시행착오도 큰 공부임을 엄마들도 알아야 한다.

살다 보면 내 의도대로, 내 의지대로 되지 않는 일이 다반사인데 그때마다 엄마가 해결해 줄 수는 없는 일이다. 엄마가 처음부터 끝까지 관리한 아이는 대학생이 되어서도 이렇게 말한다.

"엄마, 열역학 너무 어려워. 어떻게 해야 되지?"